应急系统选址布局的优化方法

马　良　张惠珍　刘　勇　魏　欣　著

教育部人文社会科学研究规划基金项目(16YJA630037)

科　学　出　版　社

北　京

内 容 简 介

本书主要探讨应急系统选址布局的优化方法,分别就一系列经典设施选址与现代应急设施选址模型,阐述了相应的经典优化方法(涉及分支定界法、割平面法、分支-切割法、动态规划法、拉格朗日松弛法、半拉格朗日松弛法等)与现代启发式方法(涉及遗传算法、蚁群优化算法、禁忌搜索算法、蝙蝠算法、引力搜索算法等),并对相关应急系统实际应用进行了论述.

本书可为管理科学、运筹学、计算机科学、系统科学与工程、物流工程等领域的专业人员提供参考,也可作为高等院校相关课程教学的补充读物.

图书在版编目(CIP)数据

应急系统选址布局的优化方法/马良等著. —北京: 科学出版社, 2019. 6
ISBN 978-7-03-061428-5

Ⅰ. ①应… Ⅱ. ①马… Ⅲ. ①紧急避难-公共场所-选址-布局-最优化算法
Ⅳ. ①TU984.199

中国版本图书馆 CIP 数据核字 (2019) 第 109006 号

责任编辑: 李 欣 李香叶 / 责任校对: 彭珍珍
责任印制: 吴兆东 / 封面设计: 陈 敬

科学出版社出版
北京东黄城根北街 16 号
邮政编码: 100717
http://www.sciencep.com

北京虎彩文化传播有限公司 印刷
科学出版社发行 各地新华书店经销

*

2019 年 6 月第 一 版 开本: 720×1000 B5
2020 年 6 月第三次印刷 印张: 9 7/8
字数: 200 000
定价: 68.00 元
(如有印装质量问题, 我社负责调换)

前　　言

由于我国城市化发展进程加快,各类突发性事故灾害时有发生,如火灾、地震、交通事故、医疗救援、反恐等应急问题,给城市管理带来极大挑战.随着信息化、大数据时代的到来,以及管理科学与工程、计算机技术等的快速发展,应急管理的理论与方法也在不断地充实和完善,所涉及的应急领域遍布灾害 (自然灾害、人为灾害、人体灾害) 应急、供应系统 (事故、紧急供应) 应急、交通调度 (运输、紧急出动) 应急、通信指挥应急、控制系统应急、工程设施应急、金融或投资应急等.

设施选址布局问题广泛应用于经济、物流、军事等多个领域,选址的优劣直接影响到服务方式、服务质量、服务效率、服务成本等,应急系统选址布局决策是关系整个救援效率的重要因素.合理优化城市应急设施的选址布局可在系统设计这个源头上注重预先性和主动性,不仅可在公共安全投入上降低成本,还能保证应急响应阶段的时效性,避免可能导致的更大程度人员伤亡和财产损失.由于选址布局问题涉及一系列有关经济管理等多学科领域的关键和难点问题,在方法论意义上不可避免地带有多目标、非线性等特征,一直是管理学中困难而又棘手的问题,因此,研究选址布局问题具有重要的理论和实际应用价值.

本书在经典理论与模型基础上,针对当代社会与经济中的应急系统选址布局问题作进一步的延伸与扩展,并充分吸收当前计算机科学与技术上的发展成果,对经典设施选址与现代应急设施选址模型,给出了一系列的优化方法.本书既阐述了经典的优化算法,也探讨了现代启发式方法,并在应用层面上给出了相应的政策性建议,可为实际领域提供参考.

感谢教育部人文社科规划基金 (No.16YJA630037)、上海市高峰高原学科 (“管理科学与工程” 第二期) 建设等项目对本书研究工作的资助!

参与本书部分工作的还有博士生刘思、许秋艳、郑夏,在此一并致谢.

限于作者水平,书中不妥之处在所难免,恳请广大读者批评指正.

作　者

2018 年 12 月

目　　录

第1章 绪 论

1.1 面临的问题

1.1.1 问题背景

自有人类文明以来, 各种突发性自然灾害或人为事故就与人类社会的发展一直相伴相随. 尤其是随着世界范围内工业和科技的加速发展, 经济全球化进程的进一步加强, 各种自然灾害、重大事故、公共卫生事件以及社会安全事件也层出不穷, 对世界各国人民的生命财产以及社会稳定构成了巨大威胁. 当各种破坏性地震、洪涝、风暴等自然生态灾害及其诱发引致的火灾、爆炸、毒物泄露等次生灾害不断增多时, 人类在灾难面前的脆弱与无助也暴露无遗. 2005 年, 巴基斯坦北部的大地震造成至少 7.3 万人死亡; 同年, 美国南部沿海地区的 "卡特里娜" 飓风登陆, 造成 1300 多人死亡, 数百万人流离失所; 2008 年, 缅甸强热带风暴 "纳尔吉斯" 酿成共计 15 万人死亡及失踪的悲剧! 2011 年, 发生在日本东北部太平洋海域的大地震除伤亡数万人之外, 还引发次生灾害 —— 巨大的海啸对沿岸地区城市造成毁灭性破坏, 福岛第一核电站爆炸泄漏, 其释放的大量核辐射甚至扩散至我国东部沿海的多个省市.

我国地大物博、幅员辽阔, 优越的自然条件为华夏民族的孕育与发展、繁荣与昌盛提供了得天独厚的有利条件, 但与此同时, 广阔的地域也衍生出多种复杂的地理因素, 在各种综合因素的影响下, 我国自然灾害频发, 地震、洪涝、风暴、泥石流、山体滑坡等灾害时有发生. 比较严重的有: 1976 年唐山大地震, 夺去 24 万人的生命; 1998 年夏季特大洪水, 使全国 29 个省市区 (除西藏、青海、新疆、宁夏及内蒙古以外) 都受到不同程度的洪涝灾害, 死亡 4000 余人, 受灾 2 亿多人, 受灾良田 3 亿多亩, 直接经济损失达 1660 亿元! 迈入千禧年之后, 灾难对人类的伤害并未随着时代的进步而消减, 反而以其巨大的破坏力再一次彰显着它的威力. 2008 年一年间, 我们历经了悲喜交加. 这一年, 国际奥林匹克运动盛会第一次在中国举办, 举国欢腾; 但同是这一年, 四川汶川的 8 级地震, 伤亡 10 多万人, 直接严重受灾区超 10 万平方公里, 直接经济损失超过 8000 亿元!

除了自然灾害以外, 由于世界经济的加速发展以及科技领域的长足进步, 各国工业化、城市化进程都不断深入, 新的生产方式和生产技术不断涌现, 并朝着日趋复杂的趋势发展, 与此同时也导致了新情况、新问题层出不穷. 城市规模的日益扩大, 城市建筑物越发密集, 城市人口不断增加, 各种生产性事故、公共卫生及安全突发事件对人类社会造成的危害, 相较于自然灾害而言, 甚至有过之而无不及! 作为低碳发电的一种重要形式, 核能为人类电力能源的供给提供了高效清洁的方式, 但核电技术也潜伏着巨大的安全隐患. 1986 年, 苏联的切尔诺贝利核电站爆炸, 切尔诺贝利整座城市因此被废弃, 事故还造成 9.3 万人死亡, 27 万人患癌, 经济损失约 2000 亿美元; 2011 年, 因受地震影响, 日本福岛第一核电站放射性物质泄漏, 这场事故被称为继切尔诺贝利之后最严重的核灾难. 在事故发生后 8 年来, 已造成 1.8 万人死亡, 数十万人背井离乡, 核电站周围城市昔日的繁华消失殆尽!

  城市, 在让生活更美好的同时, 其发展带来的资源集中性及网状群发效应也尤为明显, 一旦发生灾害, 后果不堪设想. 2001 年的美国 9·11 恐怖袭击事件, 2002 年始发于我国广州地区并蔓延至全球的 SARS(严重急性呼吸综合征) 传染病事件, 2015 年天津港特大爆炸事故等, 这些始发于某一国家或地区的灾难事件, 在这个流动性加强的地球村年代, 最终影响了整个世界, 酿成了世界性的灾难! 长期以来, 如何应对这些突发性灾害事件, 成为各个历史时期各国家或社会组织都必须面对的棘手难题之一. 此外, 现代社会中, 一些重大灾害事件的发生往往是政治与经济、生态与技术复合系统共同变异的结果, 这在一定程度上也增加了控制事态、预防突发事件的难度.

  尽管各种灾害突发事件无法避免, 但科学的进步尤其是信息技术的发展给人类战胜灾害带来了希望. 人类在一次次与事故灾害的斗争中不断汲取经验和教训, 通过科学的应急管理及应急技术的研究与应用, 在相当程度上降低了灾害给人类带来的巨大损失. 自 20 世纪 70 年代以来, 各个国家开始重视灾害事故应急管理与应急系统的研究与实践, 许多国家或国际机构成立了相应的应急反应机构, 并专门制定了一系列应急事故法规和相关应急管理的政策, 以应对突发的灾害事故.

  作为目前全球应急管理方面投入最大的国家之一, 美国建立了颇为完善的应急反应体系, 并成立了不同形式的应急管理机构. 其中较为典型的有: 由联邦、州、地方三级政府和民间共同构成的美国紧急事件反应体系, 美国国家安全委员会下属的美国应急管理协会, 以及美国联邦应急管理署 (FEMA) 等. 此外, 考虑到在紧急事件发生时, 单靠某一州或地区的力量难以满足应急需求, 因此为鼓励各州同舟共济、共同应灾, 美国国家安全委员会还出台《应急互助协议》, 旨在对公共突发事件进行应急互助, 其互助的范围从飓风、地震到火灾、毒气泄露等不一而足.

  地处板块交汇地带及火山频繁活动区域, 日本历来饱受各种自然灾害频繁摧残, 这也使得日本更加重视对灾难应急的管理, 并将其纳入关系国计民生的重大事项予以规范和管理. 为应对各种可能的突发事件及新形态下的人为灾害, 日本长期以来进行了卓有成效的探索. 早在 1961 年, 日本就颁布了象征防灾减灾领域宪法地位的《灾害对策基本法》, 在此基础上, 又制定了灾害救助、地震对策等共计二百多项具体法案, 以及应对突发灾害事件的具体细化法案, 并针对应急情形下避难场所、应急设施的具体位置及避难路线进行了规划. 日本的应急管理体系在一次次的灾害应急实践中不断完善和细化, 提高了其整体应急管理能力和水平.

在应急建设较为完备的英国, 为应对突发紧急事件, 英政府设立了应急处理最高机构 "内阁紧急状况委员会" (COBRA), 以负责国内外战事、重大自然灾害、疾病传染、暴恐袭击等重大危机时的应急响应. 为应对一般性应急事件处理, 内阁还下设了 "国民紧急情况秘书处", 负责危机政策制定、危机事件风险评估、决策方案制定等具体事项, 以提高其应急处理能力. 英政府还邀请学术机构开展相应的应急研究, 这些学术研究成果对提高国家系统应急能力也至关重要. 此外, 英政府还注重预先设置应急设施, 事故发生后, 能就近迅速做出反应. 事实表明, 承担着危机处理主要角色之一的救援设备可就近最大限度发挥应急价值, 极大地减轻了危机灾害带来的损失.

在中国, 经济飞速发展, 无论是人民群众的日常生活还是工业企业的创造生产都得到了极大提高. 然而, 各种灾难性事件及其引发的一系列不可估量的严重后果仍让人不寒而栗. 众多灾难事件留给我们的思考是, 建立适合我国国情的应急管理机制和应急管理策略已迫在眉睫! 同西方发达国家相比, 我国的应急管理体系还处于不甚完善的阶段, 当重大事故发生时, 往往处于无奈和措手不及的窘境. 无论是应急投入、技术水平, 还是应急研究方面, 我们仍与西方发达国家存在较大的差距. 在各类重大灾害事故的应急处置过程中, 我国尚未形成统一的灾害救援指挥体系. 现阶段能独立承担应急任务、参与应急系统的一些部门 (如 119 火警、110 公安巡警、120 紧急救护等机构), 基本处于独立运作、分散应急的状态, 当重大灾害事故来临时, 缺乏强力且有效的协调运作及应急系统的管理, 难以快速响应参与救助.

事实上, 应急管理不仅在国家或者地方公共事务层面具有重要意义, 同样也出现在企业日常安全生产运作中. 由于生产技术日趋复杂, 以及盲目追求规模经济效益、扩大生产带来的能源用量急剧增长, 增加了一些重大生产性事故灾难的发生. 如: 2013 年 11 月, 山东青岛的中石化输油管道泄露爆炸, 造成 60 余人死亡、130 多人受伤的重大伤亡事故; 2015 年天津港 "8·12" 瑞海公司危险品仓库特别重大火灾爆炸事故; 2015 年陇南吉庆烟花爆竹有限公司 "9·1" 较大爆炸事故, 等等. 工业经济的快速发展, 势必导致这些企业安全隐患的增加, 危害日益严重. 因此, 为避免因突发紧急事故造成的重大生产性灾害损失, 在企业层面研究和应用应急管理策略, 同样具有相当重要的现实意义和应用价值.

纵观人类社会发展的整个历程, 这些无法回避的突发性事件或周期性出现的自然灾害, 都给当地的经济发展、人民生活及社会安定造成了严重的影响. 在经济全球化、贸易自由化的当代世界, 各国之间联系越发紧密, 相互依赖也不断加强, 一个国家或地区的应急系统发展水平, 不仅关系到其自身的发展, 更关系到他国的利益,关系到各国人民群众的生命、财产安全. 因此, 应急管理是任何一个国家或地区都无法绕开的不容忽视的问题. 如何减轻这些突发紧急事件对人类社会造成的巨大损失, 是一个非常现实和紧迫的难题, 也是当代人类共同面对的重大挑战之一.

1.1.2　研究意义

随着信息化、大数据时代的到来, 以及管理科学与工程、计算机技术等的快速发展, 应急管理的理论与方法也在不断地发展与充实. 现阶段, 应急管理所涉及的领域遍布人们生产生活的各个方面, 如灾害应急, 包括各种自然灾害、人为灾害及人体灾害等; 交通调度应急, 尤其是大型赛事或重大活动期间所采取的交通管制、运输调配、紧急出动等措施; 供应系统应急, 当事故涉及水、电、油、气等能源供给及安全生产方面时. 除此之外, 应急管理所涉及的领域还包括通信指挥应急、控制系统应急、工程设施应急、金融或投资应急等诸多方面.

有别于一般的管理系统, 应急管理系统最显著的特点表现为时间上的紧迫性. "时间就是生命", 尤其体现在事故发生后的紧急救援行动中. 譬如: 医学上将人体发生重大伤害休克后的 4 分钟内称为急救 "黄金时间", 在这一时间内一般都可救活, 否则急救的成功率将大为降低; 一般灾难事故的急救黄金时间为灾后 72 小时, 但视具体灾害情况而有所不同, 如海上事故的黄金救援时间为事发后的 12 小时, 而火灾的黄金救援和逃生时间仅为 3—5 分钟. 但无论何种事故的紧急救援, 越快救援, 人民的生命和财产损失就会越小. 因此, 各国在有关应急管理的法律法规中, 通常规定了各种不同情况下的应急时间期限. 美国紧急医疗服务条例限定城市紧急医疗救护必须控制在 10 分钟内到达, 而乡村在 30 分钟内达到; 日本消防医疗急救实行 "7 分钟" 急救体制, 即从接到急救电话至到达现场不超过 7 分钟; 我国 110 接处警工作规范规定, 凡涉及公民重大人身、财产安全的紧急报警, 处警人员在接到指令后, 市区内必须 5 分钟内到达现场; 《城镇消防站布局和技术装备配备标准 GNJ1-82》要求, 城镇消防站的第一出动须在起火后 15 分钟内到场出水.

一般而言, 当应急地点发生事故时, 灾害的损失与持续时间成正比. 及时控制、尽早救援, 可将事故损失控制在较小的范围内. 但是, 人类在与应急事故成百上千年的斗争中逐步意识到, 与其在事故发生后被动应付, 不如于事发前主动筹谋, 以更加主动积极的姿态面对应急事故的处理. 因此, 应急管理也从传统的被动应付, 转为主动进行谋篇布局, 以便更大程度降低事故发生时的灾害损失. 在这些研究中, 对应急系统的选址布局即为其中之一. 《礼记·中庸》中说: "凡事豫则立, 不豫则废." 应急管理的 "豫" (通 "预") 即是应急服务点的选址安排, 以便在事故突发时, 能及时有效地通过事先设定的地点于事故发生区域供应充足的物资设备等, 从而满足灾害区域的紧急救援工作. 科学的应急服务选址布局, 不仅可降低应急管理总成本, 还可减少灾害发生时的救援时间, 从而为抢救生命赢得更多的黄金时间, 避免可能导致的更大损失. 此外, 科学的应急设施选址安排更能为灾后重建工作提供良好的基础和准备.

设施选址布局问题广泛应用于经济、物流、军事等多个领域, 选址的优劣直接影响到服务方式、服务质量、服务效率、服务成本等. 在应急管理中, 应急设施是救援过程中必不可少的组成部分, 一般分为两大类: 一是灾前准备阶段中的基础设施, 如储备仓库、消防站、急救中心等; 二是救灾响应阶段的临时设施, 如临时物资分发中心、医院救助点等. 当面临大规模突发事件时, 救灾过程是一个复杂的系统工程, 做好应急准备是提升应急能力的重要保障, 因此, 应急系统选址布局决策是关系整个救援效率的重要因素.

随着我国城市化发展进程的加快, 城市管理水平相对落后的矛盾也日益突出. 各类突发性事故灾害 (如火灾、地震、交通事故、医疗救援) 的应急问题, 给城市管理带来了极大的挑战. 因此, 城市应急设施的选址布局事关整个城市防灾减灾体系的运行和抗灾能力, 相关设计不合理, 将影响整个城市的总体安全性能. 合理优化城市应急设施的选址布局可在系统设计这个源头上注重预先性和主动性, 不仅可在公共安全投入上降低成本, 还能保证应急响应阶段的时效性, 避免可能导致的更大程度人员伤亡和财产损失.

应急系统选址布局的优化, 还能合理利用城市的公共资源. 作为市政工程建设项目的有机组成部分, 应急系统的合理选址及优化布局能有效节约有限的人力、物力、资金等资源, 避免因不合理规划和盲目建设而造成的资源浪费. 社会公共资源是有限的, 在投入确定的情况下, 需要努力实现应急系统的效能最大化; 或在满足基本应急需求的前提下, 努力实现选址成本的最小化, 以便将节约的资源投入于其他社会公共领域的建设中, 从而实现社会整体效益的最大化.

再者, 城市在举办各类大型公共活动过程中, 需在若干重点区域设置事故应急响应服务点, 以应对各种突发状况. 合理的应急服务地点设置, 对提高应急响应的时效性、提升应急服务的满意度具有不可忽视的重要意义. 2008 年第 29 届夏季奥林匹克运动会筹划及举办期间, 北京市政府从道路交通、医疗保障、信息通信等诸多方面建立了完善的应急响应预案, 通过各种应急设施的科学地址布局, 保障了赛事期间的安全稳定、和谐有序, 给世人呈现了一场精彩纷呈的奥运盛会, 成功展示了中国在三十多年改革开放的伟大成就. 2018 年, 上海市政府在中国国际进口博览会举办期间, 组织了相关公共服务部门, 选取其交通管制区内的 9 个重点区域的合适地点, 设置事故应急快速处理服务点, 并配备了具有相应的应急事故处理能力的人力、物力, 极大提高了事故应急响应能力, 提升了中国国际进口博览会期间的应急服务的水平, 以实际行动践行了 "城市, 让生活更美好" 的愿景.

世界各国在应急管理与事故救援的实践中也证明, 当灾难无法避免或已经发生时, 科学的应急系统处理方法与合理的应急设施选址布局, 不仅能最大程度缩短灾后救援的宝贵时间, 而且可有效节约和合理利用灾后紧缺的物质资源, 有助于形成综合有效的救援能力, 并为灾后社会稳定及经济重建提供保障. 应急选址布局问题对于应急管理工作而言是至关重要的关键环节, 但由于其涉及一系列有关经济管理等多学科领域的关键与难点问题, 在方法论意义上不可避免地带有多目标、非线性等特征, 一直是管理学中困难而又棘手的问题, 具有重要的理论和实际应用价值.

1.2 相关研究进展

应急系统管理具有多学科、多部门交叉的特点, 相关应急设施选址布局与应急物资的配送往往交织在一起, 从而在基础理论与方法上天然具有系统管理的综合特征. 就目前发展情况来看, 与应急系统相关的研究工作主要集中在以下四个方面: ①应急管理的行政、组织及政策法规的研究, 这为应急工作的有效开展和实施提供了制度保障; ②基础理论与方法的研究, 包括运用各种数据分析、仿真预测、优化决策的理论与方法, 以及灾害发生的原因机制及防灾减灾的工程科学研究, 如材料科学、结构工程力学等; ③用各种现代高科技技术和手段, 如卫星通信系统、计算机信息技术、各种医疗救援和地质观测设备等, 对灾害进行观测监视、图像分析、监控预警等; ④将各种应急管理理论、方法和技术有机结合, 并涵盖应急调度指挥整个过程的软件系统设计及开发研究. 这里, 我们主要的关注点集中在基础理论与方法中的设施选址与布局方面.

选址理论研究起源于 1909 年的 Weber 问题. 1964 年, Hakimi 提出了网络上的 p-中值问题与 p-中心问题[1], 这在选址问题的研究上具有了里程碑式的意义. 目前, Weber 问题、p-中心问题、p-中值问题、覆盖问题、多目标选址、竞争选址、选址–分配、选址–路线等, 都已成了选址研究中的典型问题. 其中, 涉及单个应急服务设施点选址与多个应急服务设施点选址、给定限期条件应急服务设施点选址、确定型 (不确定型) 多出救点组合问题 (含单目标、两阶段目标、多目标模糊规划等)、连续消耗多出救点组合方案、多资源多目标选址、模糊网络路径、区间数网络最小风险路径、应急调度 (可带有时间窗) 等一系列不同的模型和问题.

城市应急服务设施选址问题的正式提出可追溯到 1971 年, Toregas 等研究人员[2] 提出如何在城市中已有的若干位置中, 选取最少数目的位置以建立应急服务设施 (如消防站点等), 使得可以在规定的时间或距离内能为应急服务点提供有效的紧急服务. Toregas 等通过将现实问题构造为网络完全图, 从而将问题转化为求解一系列特殊的集合覆盖模型进行求解.

从另外一个角度来说, 目前国内外有关应急系统选址问题也涉及了日常公共服务设施布局的研究, 包括但不局限于医院、消防站、120 急救区域选址 (或急救车辆的停靠点设置) 等, 这些研究的内容和结果可为城市各归口管理单位提供决策支持.

M. A. Badri 等提出过一个多目标的消防站选址模型[3], 针对消防站选址中多个目标相互冲突的情况, 给出了一种基于整数目标规划的多目标选址模型, 所考虑的目标包括从消防站点到需求点的时间、距离, 以及前人研究中若干与成本有关的目标. 此外, 结合现实情况, 还将技术、政治及其他系统性的多种目标考虑在内.

S. C. K. Chu 与 L. Chu 以香港医院管理局医疗设施规划为例[4], 提出了公立医院选址及其资源配置的框架模型, 不仅涉及旧城区原有医院地址的重新布局和床位数量分配, 还包含了新建医院的选址规划与床位数量的设置.

W. Ogryczak 分析了应急服务设施选址中服务接收方之间不同种类的距离[5], 如 p-中心问题 (最小最大中心距离)、p-中值问题 (最小和中值距离). 一般情况下, 人们对这些距离进行单独的建模研究, 而 W. Ogryczak 则同时考虑了整个距离分布的多目标模型, 并给出了其对称有效的解决方案.

不同于以往研究中将所有应急服务点视为相同优先级, F. Silva 和 D. Serra 考虑了更为符合实际的应急情况[6]: 在城市医疗救援应急中, 关乎生命的应急救援应比常规应急救援享有更高的优先权, 在此基础上提出了具有不同优先级的应急服务覆盖选址模型, 并结合排队论进行了启发式求解.

Z. Stanimirovic 等则对最大覆盖选址问题进行了推广[7], 研究了突发事件应急服务网络中产生的多类型最大覆盖选址问题, 考虑了不同类型的应急事件和应急单元, 并假设了不同类型应急单元的层次结构; 问题推广后的目标是为每种类型的应急单元选址, 使得应急单元能覆盖到的所有事故总数为最大.

陶莎与胡志华着眼于应急系统的不确定性, 具体考虑了应急救援中应急需求、物流网络双重不确定条件下的应急配送 p-中心问题[8]. 基于成本最小化的目标要求, 建立了集合覆盖下的应急救援设施选址随机规划模型. 通过期望值法和随机模拟两种方法进行算例仿真实验, 得到应急救援情况下的配送中心最优选址方案.

彭春、李金林等关注了多类应急资源配置选址–路径优化的问题[9], 考虑到多类应急资源成本的不确定性, 引入了 Box 和 Ellipsoid 两类不确定集合, 分别建立了多类应急资源鲁棒选址–路径优化模型, 并通过 CPLEX 和 GAMS 混合编程算法进行求解. 通过对我国西部自然灾害多发区的 19 个县市进行应急资源的优化分析, 确定了应急资源临时供应点的最优选址布局以及应急资源的分配路径, 为决策者及相关应急部门的灾前预防准备和灾后应急救援提供了决策支持.

于冬梅、高雷阜和赵世杰等综合考虑了时间、经济、服务能力等限制因素, 在满足容量和安全库存的前提下, 从需求区域和应急设施应急服务质量的视角构建了应急设施最大时间满意度的选址–分配优化模型[10]. 同时, 结合模型的特点, 设计了一种嵌入混沌搜索机制的蝙蝠算法, 并进行了有效求解.

由于大多数选址问题都是 NP-难题, 因此, 求解算法的设计与改进一直是研究的核心问题. 目前的新一代优化算法中已大量融入人工智能思想, 各种智能优化方法也一直在不断涌现, 并通过一系列经典难题的求解和测试, 获得了诸多成果. 由于现实生活中, 各种服务设施的布局以及配送调度问题大都涉及多个冲突目标的协调和平衡, 因此都属于多目标优化范畴, 甚至时常还带有某些不确定因素与非线性因素. 迄今为止, 尽管理论和方法上的研究一直在不断推进, 但离真正的解决和完善的应用还有一段相当艰难的路程要走.

Sheu 和 Jiuh-Biing 以台湾地区实际发生的地震灾害为例, 提出了一种混合模糊聚类优化方法, 应用于关键救援时期紧急救济需求[11]. 其基于三层应急物流协同配送概念框架提出的这一方法还涉及两种递归机制 —— 灾区分组与救灾的协同配送, 并经实际数值模拟验证, 确认了该方法的适用性能及潜在优势.

冯舰锐等[12] 根据紧急情况下物资运输调度的时效性与经济性特征, 建立了应急物资储备点选址问题的多目标优化模型, 并利用系统动态演化方法提出了一种求解各目标权重的算法, 将多目标问题转化为单个目标进而求解, 为决策者提供了灾变条件下的多种应急选择方案.

Z. Stanimirovic 等[7] 根据所考虑应急事件和应急单元的结构特点, 设计了一种两阶段优化方法进行求解: 第一阶段采用简化的变邻域搜索算法以快速求得应急问题的高质量初始解; 第二阶段采用线性规划方法求得问题的最终解. 通过黑山共和国和塞尔维亚两地警署网络的数据实例及随机数据测试, 结果表明, 两阶段优化方法能在短时间内获得多类型最大覆盖应急选址问题的最优解.

由于各国国情的不同, 城市发展水准不一, 国外的一些理论研究成果也许能在其本国应用自如, 可应用于我国城市中却时常会碰壁或阻碍重重. 因此, 我们将在充分考虑国内城市特点和经济、社会的发展水平基础上, 建立和发展相应的模型与方法并加以检验, 以期能丰富和发展我国在应急系统选址布局领域的研究.

第 2 章   相关数学模型

1909 年, 德国学者 Weber 第一篇选址论文的发表, 标志着设施选址问题的科学研究正式开始. 在其后发展的一百多年历史中, 选址问题的研究已从最初的单一设施选址到多个设施选址, 从直线、平面上的布局到网络上的规划, 从确定的参数到随机的分布. 来源于实践的选址研究逐渐从简单发展到复杂, 从零散发展到系统, 并随着经济全球化发展的趋势以及各具特色的行业应用背景, 与库存、运输路线规划、应急管理等问题的集成化研究已成为当下及未来的热点.

这里, 首先对几种经典选址问题进行简要阐述, 然后将选址问题与应急管理相结合, 对若干常用应急设施选址模型作介绍.

2.1   经典设施选址模型

在设施选址的文献中, Weber 问题、p-中值问题、覆盖问题、p-中心问题、无容量设施选址问题、有容量设施选址问题、二次分配问题、多目标选址问题、竞争选址问题、多层级选址问题等都是引起广泛关注和深入研究的热点课题. 但 p-中值问题、覆盖问题、p-中心问题、有容量设施选址问题和无容量设施选址问题则是最基本的选址问题, 研究较早、应用较广, 其成果为选址研究的发展奠定了坚实的理论和方法基础.

2.1.1   Weber 问题

Weber 问题本身看上去似乎很简单, 却有着悠久且复杂的历史.

给定 n 个坐标为 $P_i = (a_i, b_i)$ 的点, 每个点 P_i 具有权重 w_i. Weber 问题要解决的是需要找到一个 "minisum" 点 (x^*, y^*), 使得由该点到上述 n 个点的总加权欧氏距离之和最小, 数学模型表达式为

$$\min_{X} \sum_{i=1}^{n} w_i d^E(X, P_i) \tag{2.1}$$

其中, $d^E(X, P_i) = \sqrt{(a_i - x^*)^2 + (b_i - y^*)^2}$ 是点 (x^*, y^*) 与需求点 P_i 的欧氏距离. 由于可将 (x^*, y^*) 看作是 n 个加权数的简单 (一维) 重心数的二维推广, 因此, 也可称 (x^*, y^*) 为**空间重心点**.

Weber 问题中的欧氏距离还可以是其他距离类型, 如满足对称性质的矩形距离、切比雪夫距离和 Minkowski 距离 (l_p 范数) 等. 采用一般距离的 Weber 模型的

数学表达式为

$$\min_X \sum_{i=1}^{n} w_i d(X, P_i) \tag{2.2}$$

其中, $d(X, P_i)$ 表示设施点 (x^*, y^*) 与需求点 P_i 的距离.

问题的目标还可以是使总 (平均) 运输距离最小、总运输时间最小或总运输成本最小等, 因此也是最小和问题. 这种目标通常用于企业中, 如工厂、仓库的选址等, 也可用于一些公共设施的选址问题中, 如学校、图书馆、邮局的选址等. 此外, Weber 选址问题所处的空间也可以被推广, 例如, 三维空间、球面空间、Banach 空间等.

Weber 问题可进行多方面的推广, 如:

(1) 多设施 Weber 问题. 该问题是 Weber 问题的一个最简单且最直接的推广.

(2) 限制 Weber 问题. 由于 Weber 问题是基于选址问题的一个几何表述, 因此, 人们尝试将地理中的一些现实情况融合到这种模型中来. 其中, 经典的例子就是考虑禁止新设施放置的禁区, 以及设置禁止穿行的障碍区域, 诸如国家公园或其他受保护区域都属于禁区. 类似地, 军事禁区、山脉、湖泊或者工厂里的机器或传送带都可看作是障碍区域. 限制 Weber 问题的应用包括机器人的选址与路径问题、电路板设计、不受欢迎的 (或有害的) 设施的放置区域的排除、设施布局以及机器人组装工作场所规划等.

(3) 直线选址与空间设施 Weber 问题. 经典 Weber 问题的另一种自然推广是确定一个空间设施的位置, 例如一条直线、线段、道路或一个正方形、圆, 而不仅仅是一个点. 这样的模型也有广泛的应用, 例如, 铁路或高速公路的规划、工厂布局、稳健统计学 (寻找回归直线和 L_1 拟合点)、计算几何等.

2.1.2　*p*-中值问题

p-中值问题由 Hakimi[13] 于 1964 年提出: 假设每个节点既是需求点也是设施候选点, 对任一给定的设施数 p, 希望能使全部或平均性能达到最优.

p-中值问题常见的目标函数包括: 成本最小、总 (平均) 运输距离最小、总 (平均) 需求权重距离最小、总运输时间最小等.

Revelle 和 Swain[14] 将经典 *p*-中值问题表示为如下整数规划模型:

$$\min \quad \sum_{i=1}^{n} \sum_{j=1}^{n} h_i d_{ij} x_{ij} \tag{2.3}$$

$$\text{s.t.} \quad \sum_{j=1}^{n} x_{ij} = 1, \quad i = 1, 2, \cdots, n \tag{2.4}$$

$$\sum_{j=1}^{n} y_j = p \tag{2.5}$$

$$x_{ij} \leqslant y_j, \quad i = 1, 2, \cdots, n; \quad j = 1, 2, \cdots, n \tag{2.6}$$

$$x_{ij} \in \{0, 1\}, \quad i = 1, 2, \cdots, n; \quad j = 1, 2, \cdots, n \tag{2.7}$$

$$y_j \in \{0, 1\}, \quad j = 1, 2, \cdots, n \tag{2.8}$$

其中, h_i 为第 i 个需求点的需求量; d_{ij} 为第 i 个需求点到第 j 个候选设施的最短距离; p 为所建设施的数目; x_{ij} 为 0-1 变量, 当需求点 i 由设施点 j 服务时, $x_{ij} = 1$, 否则 $x_{ij} = 0$; y_j 为 0-1 变量, 当位于 j 点的候选设施点被选中, $y_j = 1$, 否则 $y_j = 0$. 目标函数 (2.3) 要求各需求点到最近设施点的最小加权距离和最小; 约束条件 (2.4) 确保每个需求点有且仅有一个设施点为其提供服务; 约束条件 (2.5) 规定建立设施点的最大数量为 p; 约束条件 (2.6) 确保只有开放的设施点才能够为需求点提供服务.

由于 p-中值问题的目标通常在企业中应用, 如工厂、仓库的选址等, 所以又称为 "经济效益性" 目标. 公共设施的选址也可采用这个标准来衡量选址的效率, 如学校、图书馆、邮局、飞机场的选址等, 称之为 "集体福利性" 目标.

1979 年, Garey 和 Johnson 证明了 p-中值问题为 NP 难题. 而网络上的 p-中值问题则由 Hakimi 首先提出, 并给出了一个著名的顶点最优性质: 网络上的 p-中值问题至少有一个最优解完全由网络的顶点构成. 这个性质将求解网络选址问题在某种意义上归结为求解离散选址问题, 从而大大缩小了搜索空间.

2.1.3 p-中心问题

p-中心问题最初由 Sylvester[15] 于 19 世纪首先提出, 该问题要求选定 p 个设施的位置, 使最坏的情况最佳. 模型的数学表达式为

$$\min \quad D \tag{2.9}$$

$$\text{s.t.} \quad \sum_{j=1}^{n} x_{ij} = 1, \quad i = 1, 2, \cdots, n \tag{2.10}$$

$$\sum_{j=1}^{n} y_j = p \tag{2.11}$$

$$x_{ij} \leqslant y_j, \quad i = 1, 2, \cdots, n; \quad j = 1, 2, \cdots, n \tag{2.12}$$

$$\sum_{j=1}^{n} d_{ij} x_{ij} \leqslant D, \quad i = 1, 2, \cdots, n \tag{2.13}$$

$$x_{ij} \in \{0,1\}, \quad i = 1, 2, \cdots, n; \quad j = 1, 2, \cdots, n \tag{2.14}$$

$$y_j \in \{0,1\}, \quad j = 1, 2, \cdots, n \tag{2.15}$$

其中, D 为所有需求点与最近设施的最大距离; d_{ij} 为第 i 个需求点到第 j 个候选设施的距离; p 为所建设施的数目; x_{ij} 为 0-1 变量, 当需求点 i 由设施点 j 服务时, $x_{ij} = 1$, 否则 $x_{ij} = 0$; y_j 为 0-1 变量, 当位于 j 点的候选设施点被选中, $y_j = 1$, 否则 $y_j = 0$. 目标函数 (2.9) 为使需求点与最近设施的最大距离最小; 约束条件 (2.10) 保证每个需求点有且仅有一个设施点提供服务; 约束条件 (2.11) 规定了建立设施点的最大数量为 p; 约束条件 (2.12) 确保只有开放的设施点才能为需求点提供服务; 约束条件 (2.13) 保证用户与工厂之间的最大距离不超过 D.

p-中心问题的目标还可以是使最大反应时间最小、需求点与最近设施之间最大距离最小或使最大损失最小等, 因此也被称为极小化极大问题, 其最优目标值称为 p-半径. 这类问题通常在军队、医院、紧急情况和有服务标准承诺的服务行业 (如外卖承诺半小时送达) 中使用, 有时也称为"经济平衡性"目标.

网络上的 p-中心问题也由 Hakimi 首先提出, 分为绝对 p-中心问题和顶点 p-中心问题, 后者相对简单. 若 p 是定值, 顶点 p-中心问题和绝对 p-中心问题都可在多项式时间内求解. 对前者可以枚举所有可行解, 从而可在多项式时间内求解. 根据伪顶点最优性质, 绝对 p-中心问题可以转化为增广网络上的顶点 p-中心问题, 从而也可在多项式时间内求解. 若 p 是变量, 则两种 p-中心问题都是 NP 完全的.

2.1.4　覆盖问题

尽管 p-中心问题和 p-中值问题的应用非常广泛, 但有一些选址问题, 如城市消防车、医疗急救车辆要求必须在特定时间内到达事故现场, 因而要求此类设施点必须设置在与需求点一定距离之内, 若再以降低总运输成本 (总距离) 作为目标则显然不太适宜. 针对此类问题, 人们提出了覆盖模型.

设施 A 覆盖需求点 B, 是指 A 能在规定的时间或距离内服务 B. 覆盖问题主要有两种基本模型: 最大覆盖问题 (Maximal Covering Location Problem, MCLP) 和完全覆盖问题 (Location Set Covering Problem, LSCP)[16]. 这是描述应急设施选址问题最常用的两类模型.

完全覆盖模型由 Toregas 等 [17] 于 1971 年首先提出, 希望求得在给定时间 (距离) 内满足所有需求的最小设施建设成本. 若每个设施建设费用相同, 则问题简化为用最少的设施覆盖所有的需求点. 模型的数学表达式为

$$\min \sum_{j=1}^{n} f_j x_j \tag{2.16}$$

$$\text{s.t.} \quad \sum_{j \in N_i} x_j \geqslant 1, \quad i = 1, 2, \cdots, n \tag{2.17}$$

$$x_j \in \{0, 1\}, \quad j = 1, 2, \cdots, n \tag{2.18}$$

其中, N_i 表示能够对需求点 i 提供服务的设施点集合, $N_i = \{j | d_{ij} \leqslant D_i\}$($d_{ij}$ 表示需求点 i 到设施点 j 的距离, D_i 表示需求点 i 可接受服务的最大距离); f_j 表示在候选设施点 j 建立设施的固定成本; x_j 为 0-1 变量, 当位于 j 点的候选设施点被选中, $x_j = 1$, 否则 $x_j = 0$. 目标函数 (2.16) 要求建立服务设施点的总成本最小; 约束条件 (2.17) 保证每个需求点至少有一个设施为其提供服务; 约束 (2.18) 说明 x_j 为 0-1 变量, 如果在 j 候选设施点建立设施, $x_j = 1$, 否则 $x_j = 0$. 此外, 需要注意的是, 该模型中并未考虑需求的规模, 无论需求多大都可以被设施点满足.

由于完全覆盖模型要覆盖所有的需求点, 所需设施数目往往过大而超过实际承受能力, 而且没有区分各个需求点. 1974 年, Church 和 Revelle[18] 提出了最大覆盖问题模型, 即在给定设施点数量的条件下, 再确定如何安排设施点的位置以使覆盖的需求量尽可能多, 具体模型如下所示:

$$\max \quad \sum_{i=1}^{n} w_i z_i \tag{2.19}$$

$$\text{s.t.} \quad z_i \leqslant \sum_{j \in N_i} x_j, \quad i = 1, 2, \cdots, n \tag{2.20}$$

$$\sum_{j=1}^{n} x_j \leqslant p \tag{2.21}$$

$$x_j \in \{0, 1\}, \quad j = 1, 2, \cdots, n \tag{2.22}$$

$$z_i \in \{0, 1\}, \quad i = 1, 2, \cdots, n \tag{2.23}$$

其中, $N_i = \{j : d_{ij} \leqslant S\}$ 为在一定服务范围内的潜在设施集合; w_i 为需求点 i 的需求量; p 为所建设施的数目; z_i 为 0-1 变量, 当需求点 i 被覆盖时, $z_i = 1$, 否则 $z_i = 0$; x_j 为 0-1 变量, 当位于 j 点的候选设施点被选中, $x_j = 1$, 否则 $x_j = 0$. 在该模型中, 目标函数 (2.19) 要求在有限资源条件下所能覆盖最大需求量; 约束条件 (2.20) 确保只有开放的设施点才能够为需求点提供服务; 约束条件 (2.21) 规定了建立设施点的最大数量为 p.

Hakimi 的顶点最优性质对完全覆盖模型和最大覆盖模型都不成立, 通常, 设施可安置在网络的任何地方时的解好于设施只能安置在网络顶点时的解. 与 p-中值问题类似, 一般网络上的集合覆盖问题和最大覆盖问题都是 NP 完全的.

完全覆盖模型要求覆盖所有的需求点, 即确保一定"质量"的服务. 这里, "质"

指达到覆盖,"量"指覆盖所有需求点. 此时所需设施数往往超过实际承受能力, 因此, 必须松弛一些要求, 如降低服务的质或量. 若给定设施数, 并保质降量, 且使量最大, 即必须达到覆盖距离, 但不必覆盖所有需求点, 此时即为最大覆盖模型. 若保量降质, 且使最差服务的质最优, 即覆盖所有需求, 但不必满足覆盖距离, 此时即为 p-中心问题. 若要使服务的平均质最优, 即为 p-中值问题. 另外, 通过一个简单的距离变换, p-中值问题可化为最大覆盖问题, 故可认为后者是前者的特例.

经典的 p-中值问题、覆盖问题、p-中心问题都是静态和确定性的, 但动态的和随机性的问题更符合现实特征, 因此, 动态 p-中值问题、随机 p-中值问题、随机 p-中心问题越来越引起人们的重视. 此外, 模糊数学被引入选址问题之后, 模糊 p-中值问题和模糊 p-中心问题也得到了广泛关注和研究. 更进一步, 还有条件 p-中值问题、条件 p-中心问题、反 p-中值问题 (最大和目标函数)、反 p-中心问题 (最小最大目标函数) 和反覆盖问题 (安置尽可能多的设施使得任意两个设施之间的距离超过给定的值) 在近年来也得到了一定研究. 其中, 条件选址问题是指在已经存在同类设施的前提下选定新的设施, 反选址问题一般在选定不受欢迎的或有害的设施时使用, 目标与对应的经典模型相反.

2.1.5 无容量设施选址问题

无容量设施选址 (Un-capacitated Facility Location, UFL) 问题是一种具有广泛实际应用背景、易于描述、却难以求解的典型组合优化问题, 已被归入 NP 难题[19]. 该问题旨在选择若干位置以建造某种设施 (如超市、银行、消防站、医院等) 为顾客提供某种服务, 在满足每个顾客的需求前提下使消耗的总费用最少.

假设所有的候选设施都没有容量限制, $c_{ij} > 0 (i = 1, 2, \cdots, m; j = 1, 2, \cdots, n)$ 表示位置 i 的设施到客户 j 的费用, 该费用通常依赖位置 i 设施的单位生产费用、从 i 到 j 的单位运输费用、出售给客户 i 的销售价格等因素; f_i 表示在位置 i 建造设施的费用. 现要求每一个客户都应被分配到一个设施以使其需求得到满足, 并使得总消耗最少. 相应的数学模型可建立如下:

$$\min \quad z = \sum_{i=1}^{m} \sum_{j=1}^{n} c_{ij} x_{ij} + \sum_{i=1}^{m} f_i y_i \tag{2.24}$$

$$\text{s.t.} \sum_{i=1}^{m} x_{ij} = 1, \quad j = 1, 2, \cdots, n \tag{2.25}$$

$$x_{ij} \leqslant y_i, \quad i = 1, 2, \cdots, m; \quad j = 1, 2, \cdots, n \tag{2.26}$$

$$x_{ij} \in \{0, 1\}, \quad i = 1, 2, \cdots, m; \quad j = 1, 2, \cdots, n \tag{2.27}$$

$$y_i \in \{0, 1\}, \quad i = 1, 2, \cdots, m \tag{2.28}$$

其中, $x_{ij} = 1$ 表示客户 j 的需求由位置 i 的设施满足, 否则 $x_{ij} = 0$; $y_i = 1$ 表示在点 i 建造设施, 否则 $y_i = 0$. 约束 (2.25) 表示每一客户仅由一个开放设施提供服务; 约束 (2.26) 表示只有开放的设施才能为客户提供服务.

目前, 用于求解 UFL 问题的算法大致可分为三类: 精确算法、智能优化算法和近似算法. 求解 UFL 问题的精确算法主要包括: 分支定界法、割平面算法、列生成算法. 这些算法能求得最优解, 但仅适用于规模较小的问题, 且计算速度慢. 用于求解 UFL 问题的智能优化算法主要包括: 禁忌搜索算法、遗传算法、邻域搜索法、粒子群算法等. 这些算法搜索效率高, 适用于解决大规模问题, 但容易陷入局部最优, 一般只能求得问题的满意解, 不保证是真正的最优解. 近十多年来, 求解 UFL 问题的近似算法也得到了长足的发展, 如 1.8526-近似算法、1.488-近似算法[20]. 由精确算法和智能优化算法的优劣点可知: 一方面, 可改进精确算法使其求解效率得以提高; 另一方面, 可设计能集多种智能优化算法优点于一身并能弥补各自原来不足之处的混合智能优化算法, 这是求解 UFL 问题算法的两大研究趋势[19].

2.1.6 有容量设施选址问题

在有容量限制的设施选址问题 (Capacitated Facility Location Problem, CFLP) 中, 每个设施能够提供的服务量受到限制. 若允许每个设施可开设多次并支付相应次数的开设费用, 则可得到软容量限制的设施选址问题 (Soft Capacitated Facility Location Problem, SCFLP)[21]. 若每个设施至多只能开设一次, 则可得到硬容量限制的设施选址问题 (Hard Capacitated Facility Location Problem, HCFLP)[21].

在 SCFLP 中, 每个设施 i 有容量限制 u_i(最多服务 u_i 个顾客), 但每个设施可以开设多次, 并需要支付相应次数的开设费用, 使得容量扩大相应的倍数. 这里, 给出 SCFLP 的整数线性规划模型如下:

$$\min \quad z = \sum_{i=1}^{m} \sum_{j=1}^{n} c_{ij} x_{ij} + \sum_{i=1}^{m} f_i y_i \tag{2.29}$$

$$\text{s.t.} \quad \sum_{i=1}^{m} x_{ij} = 1, \quad j = 1, 2, \cdots, n \tag{2.30}$$

$$x_{ij} \leqslant y_i, \quad i = 1, 2, \cdots, m; \quad j = 1, 2, \cdots, n \tag{2.31}$$

$$\sum_{j=1}^{n} x_{ij} \leqslant u_i y_i, \quad i = 1, 2, \cdots, m \tag{2.32}$$

$$x_{ij} \in \{0, 1\}, \quad i = 1, 2, \cdots, m; \quad j = 1, 2, \cdots, n \tag{2.33}$$

$$y_i \text{ 为非负整数}, \quad i = 1, 2, \cdots, m \tag{2.34}$$

其中, y_i 表示设施 i 开放的次数, 其取值范围为非负整数; $x_{ij} = 1$ 表示客户 j 需求

由位置 i 设施满足, 否则 $x_{ij} = 0$. 约束 (2.30) 表示每一客户仅由一个开放设施提供服务; 约束 (2.31) 表示只有开放的设施才能为客户提供服务; 约束 (2.32) 表示开放设施 i 服务的顾客个数不能超过 i 的容量.

假定允许每个顾客 j 的需求 d_j 是可分的, 即每个顾客 j 的需求 d_j 可以由多个设施提供服务. 在 HCFLP 中, 每个设施 i 有硬容量限制 u_i, 最多提供 u_i 单位的服务, 每个设施至多只能开放一次, 开放设施及服务顾客的总消耗可通过下述线性规划得到

$$\min \quad z = \sum_{i=1}^{m} \sum_{j=1}^{n} c_{ij} x_{ij} + \sum_{i=1}^{m} f_i y_i \tag{2.35}$$

$$\text{s.t.} \quad \sum_{i=1}^{m} x_{ij} = d_j, \quad j = 1, 2, \cdots, n \tag{2.36}$$

$$\sum_{j=1}^{n} x_{ij} \leqslant u_i y_i, \quad i = 1, 2, \cdots, m \tag{2.37}$$

$$x_{ij} \geqslant 0, \quad i = 1, 2, \cdots, m; \quad j = 1, 2, \cdots, n \tag{2.38}$$

$$y_i \in \{0, 1\}, \quad i = 1, 2, \cdots, m \tag{2.39}$$

其中, x_{ij} 表示设施 i 对顾客 j 提供的服务量; $y_i = 1$ 表示点 i 建造设施, 否则 $y_i = 0$. 约束 (2.36) 表示每一客户 j 的需求 d_j 都必须由开放设施提供并得到满足; 约束 (2.37) 表示开放设施 i 提供的服务量不能超过其容量.

2.1.7　二次分配问题

自 1957 年 Koopmans 和 Beckmann[22] 提出二次分配问题 (Quadratic Assignment Problem, QAP) 以来, QAP 已成为许多学者竞相关注的热点. 原因在于: 一方面, QAP 应用范围广泛, 诸多问题如集成电路布线、打字机键盘设计、作业调度问题等都可形式化为二次分配问题, 并且一些 NP 难题, 如旅行商问题、三角剖分问题和最大团问题等也可转化为二次分配问题; 另一方面, 由于 QAP 高度的计算复杂性和具有代表性的求解难度 ——QAP 不存在 ε-近似度的多项式时间近似算法 $(\varepsilon > 0)$, 求解时间随问题规模呈指数增长, 致使求解 QAP 问题已成为许多优化技术测试其自身性能的标准[23]. 以至于现在, QAP 问题的求解成了优化技术发展和成功的主要体现之一.

给定 n 个设施和 n 个地点, 两个 $n \times n$ 矩阵, $F = (f_{ij}) \in \Re^{n \times n}$, $D = (d_{ij}) \in \Re^{n \times n}$, 其中, f_{ij} 表示设施 i 和 j 之间的流量, d_{ij} 表示位置 i 和 j 之间的距离, 现要求将每个设施分配到一个位置, 使得设施之间的总流量 (或费用) 最小:

$$\min_{p \in \Pi} \sum_{i=1}^{n} \sum_{j=1}^{n} f_{ij} d_{p(i)p(j)} \tag{2.40}$$

其中, Π 表示分配方案 p 的集合, $p(i)$ 和 $p(j)$ 分别表示设施 i 和 j 被分配的地点.

模型 (2.40) 由 Koopmans 和 Beckmann 在 1957 年考虑一组经济活动位置选址问题时所提出, 通常被称为 "Koopmans-Beckmann QAP".

在考虑设施位置选址等问题时, 如果不仅考虑设施之间的交互作用, 而且还考虑设施位于特定位置时的某种花费, 那么就会得到与 (2.40) 略微不同的 QAP 问题, 即 "一般 Koopmans-Beckmann QAP":

$$\min_{p \in \Pi} \sum_{i=1}^{n} \sum_{j=1}^{n} f_{ij} d_{p(i)p(j)} + \sum_{i=1}^{n} c_{ip(j)} \tag{2.41}$$

式中的线性项系数矩阵通常被记为: $C = (c_{ij}) \in \Re^{n \times n}$, c_{ij} 则表示设施 i 位于位置 j 的花费.

定义如下 0-1 变量 x_{ij}:

$$x_{ij} = \begin{cases} 1, & p(i) = j \\ 0, & \text{否则} \end{cases}$$

则 QAP 可表示为下述数学模型:

$$\min \sum_{i=1}^{n} \sum_{j=1}^{n} \sum_{k=1}^{n} \sum_{l=1}^{n} f_{ik} d_{jl} x_{ij} x_{kl} + \sum_{i=1}^{n} \sum_{j=1}^{n} c_{ij} x_{ij} \tag{2.42}$$

$$\text{s.t.} \quad \sum_{i=1}^{n} x_{ij} = 1, \quad j = 1, 2, \cdots, n \tag{2.43}$$

$$\sum_{j=1}^{n} x_{ij} = 1, \quad i = 1, 2, \cdots, n \tag{2.44}$$

$$x_{ij} \in \{0, 1\}, \quad i = 1, 2, \cdots, m; \quad j = 1, 2, \cdots, n \tag{2.45}$$

此外, 通过定义 $q_{ijkl} = f_{ik} d_{jl}$, 用一个四维矩阵 $Q = (q_{ijkl})$ 代替 (2.42) 中的二次项系数矩阵 F 和 D, 可得到由 Lawler[24] 所提出的 QAP 模型. 当 $i = k$, $j = l$ 时, 可知: $x_{ij} x_{ij} = x_{ij}(i, j = 1, 2, \cdots, n)$. 因此, 可令 $\bar{q}_{ijij} = q_{ijij} + c_{ij}$, $\bar{q}_{ijkl} = q_{ijkl}(i \neq k, j \neq l)$, 得到更一般化的 QAP 模型:

$$\min \sum_{i=1}^{n} \sum_{j=1}^{n} \sum_{k=1}^{n} \sum_{l=1}^{n} \bar{q}_{ijkl} x_{ij} x_{kl} \tag{2.46}$$

$$\text{s.t.} \quad \sum_{i=1}^{n} x_{ij} = 1, \quad j = 1, 2, \cdots, n \tag{2.47}$$

$$\sum_{j=1}^{n} x_{ij} = 1, \quad i = 1, 2, \cdots, n \tag{2.48}$$

$$x_{ij} \in \{0,1\}, \quad i = 1, 2, \cdots, n; \quad j = 1, 2, \cdots, n \tag{2.49}$$

显然, (2.46) 是 (2.40) 和 (2.41) 的统一表达, 即不论 QAP 目标函数中的线性项存在与否, 其数学模型均可被写为目标函数中不存在线性项的形式.

QAP 目标函数中的二次项在一定程度上增加了问题的求解复杂度, 如能通过一定方法将其二次项线性化, 得到与原问题等价的 (混合) 整数规划模型, 则可使问题的求解复杂度得到一定降低, 并应用既有的 (混合) 整数规划求解方法求解 QAP 问题; 而且, 当问题规模较大, 较难求解时, 可通过求解该 (混合) 整数规划模型的线性松弛, 从而得到原 QAP 问题最优解的下界值[23].

迄今为止, 许多二次分配问题线性化方法已被提出, 其大体可分为如下四类 [23]:

(1) 通过引入变量 $y_{ij} := x_{ij} \sum_{k=1}^{n} \sum_{l=1}^{n} q_{ijkl} x_{kl} (i = 1, 2, \cdots, n; j = 1, 2, \cdots, n)$ 及其相应约束条件而得到的 QAP 线性化模型, 如: Kaufman 和 Broeckx 线性化模型[25]、夏勇[26,27] 和袁亚湘[28] 提出的 QAP 线性化模型;

(2) 通过引入 0-1(或连续) 变量 $y_{ijkl} := x_{ij} x_{kl} (i, j, k, l = 1, 2, \cdots, n)$ 及其相应约束条件而得到的 QAP 线性化模型, 如 Lawler 线性化模型[24]、Frieze-Yadegar 线性化模型[29]、Adams-Johnson 线性化模型[30];

(3) Güneş Erdoğan 和 Barbaros Tansel[31] 提出的 Flow-Based QAP 线性化模型;

(4) QAP 高阶模型[32,33].

QAP 线性化模型在理论上均与 QAP 模型 (2.40) 相互等价, 但在求解 QAP 实例时, 人们往往更青睐于耗费计算资源少、可用其连续或线性松弛所求解的下界值接近最优目标值的模型. 综合考虑上述因素, Adams 和 Johnson 所提出的 QAP 线性化模型是截至目前在理论和实践中应用相对较多、较广的 QAP 模型, 该模型的缩减形式可表示为

$$\min \sum_{i=1}^{n-1} \sum_{j=1}^{n} \sum_{k>i}^{n} \sum_{l \neq j}^{n} \tilde{q}_{ijkl} y_{ijkl} + \sum_{i=1}^{n} \sum_{j=1}^{n} \tilde{c}_{ij} x_{ij} \tag{2.50}$$

$$\text{s.t.} \quad \sum_{i=1}^{n} x_{ij} = 1, \quad j = 1, 2, \cdots, n \tag{2.51}$$

$$\sum_{j=1}^{n} x_{ij} = 1, \quad i = 1, 2, \cdots, n \tag{2.52}$$

$$-x_{ij} + \sum_{k=1}^{i-1} y_{klij} + \sum_{k=i+1}^{n} y_{ijkl} = 0, \quad i,j,l = 1,2,\cdots,n; \quad j \neq l \tag{2.53}$$

$$-x_{kl} + \sum_{j=1}^{l-1} y_{ijkl} + \sum_{j=l+1}^{n} y_{ijkl} = 0, \quad i,k,l = 1,2,\cdots,n; \quad k > i \tag{2.54}$$

$$-x_{ij} + \sum_{l=1}^{j-1} y_{ijkl} + \sum_{l=j+1}^{n} y_{ijkl} = 0, \quad i,j,k = 1,2,\cdots,n; \quad k > i \tag{2.55}$$

$$x_{ij} \in \{0,1\}, \quad i,j = 1,2,\cdots,n \tag{2.56}$$

$$y_{ijkl} \geqslant 0, \quad i,j,k,l = 1,2,\cdots,n \tag{2.57}$$

由 $y_{ijkl} = x_{ij}x_{kl}$ 知: $y_{ijij} = x_{ij}(1 \leqslant i,j \leqslant n)$, $y_{ijkj} = 0(1 \leqslant i,j,k \leqslant n, i \neq k)$ 和 $y_{ijil} = 0(1 \leqslant i,j,l \leqslant n, j \neq l)$. 因此, 在上述模型中, 令 $\tilde{c}_{ij} = c_{ij} + f_{ii}d_{jj}$, 变量 y_{ijij} 可由变量 x_{ij} 替代; 剔除变量 $y_{ijkj}(1 \leqslant i,j,k \leqslant n, i \neq k)$ 和 $y_{ijil}(1 \leqslant i,j,l \leqslant n, j \neq l)$, 并不会影响 QAP 问题的求解. 此外, 令 $\tilde{q}_{ijkl} = f_{ik}d_{jl} + f_{ki}d_{lj}(1 \leqslant i < k \leqslant n, j \neq l)$, 该模型中的变量 $y_{ijkl}(1 \leqslant k < i \leqslant n, j \neq l)$ 可由变量 $y_{ijkl}(1 \leqslant i < k \leqslant n, j \neq l)$ 替代. 通过系列缩减, 该 Adams-Johnson 线性化模型中共含有 $2n + 2n^2(n-1)$ 个等式约束和 $n^2 + n^2(n-1)^2/2$ 个变量.

2.1.8 动态选址问题

前述的无容量设施选址、p-中值问题等经典选址问题均属于静态选址问题, 它们都有一个隐含的假设: 设施一旦建立, 客户需求及运输成本等将不会发生改变. 可事实上, 虽然消防站、急救中心等设施一经建立就需要服务很长一段时间, 但影响选址决策的因素, 如需求、运输成本等却会不断发生改变. 静态选址模型没有考虑这些变化对选址决策的影响, 并且若再次规划、建立新的设施会造成过高的成本. 鉴于此, 一些学者提出运用动态规划的求解思想和方法解决此类选址问题, 即将动态选址视作随时间变化的多阶段决策问题. 每一阶段的选址决策不但决定本阶段的效果, 也会影响到整个后续阶段的效果, 因此, 利用动态规划法可求解规划期内随时间变化的最优选址布局方案.

这里, 以 Wesolowsky[34] 提出的动态选址模型为例介绍动态选址问题. 该模型将静态模型扩展为 K 个计划期的动态模型, 每一阶段 $k(k = 1,2,\cdots,K)$ 需要在 M 个候选设施点建立 (或开放)G 个设施, 并为 N 个需求点提供服务. 相应数学模型如下:

$$\min \sum_{k=1}^{K} \sum_{i=1}^{N} \sum_{j=1}^{M} A_{jik} x_{jik} + \sum_{k=2}^{K} \sum_{j=1}^{M} \left(c'_{jk} y'_{jk} + c''_{jk} y''_{jk} \right) \tag{2.58}$$

$$\text{s.t.} \quad \sum_{j=1}^{M} x_{jik} = 1, \quad i = 1, 2, \cdots, N; \quad k = 1, 2, \cdots, K \tag{2.59}$$

$$\sum_{i=1}^{N} x_{jik} \leqslant N x_{jjk}, \quad j = 1, 2, \cdots, M; \quad k = 1, 2, \cdots, K \tag{2.60}$$

$$\sum_{j=1}^{M} x_{jjk} = G, \quad k = 1, 2, \cdots, K \tag{2.61}$$

$$\sum_{j=1}^{M} y'_{jk} \leqslant m_k, \quad k = 2, \cdots, K \tag{2.62}$$

$$x_{jjk} - x_{jjk-1} + y'_{jk} - y''_{jk} = 0, \quad k = 2, \cdots, K; \quad j = 2, \cdots, M \tag{2.63}$$

$$x_{jik} \in \{0, 1\}, \quad i = 1, 2, \cdots, N; \quad j = 1, 2, \cdots, M; \quad k = 1, 2, \cdots, K \tag{2.64}$$

$$y'_{jk} \in \{0, 1\}, \quad j = 1, 2, \cdots, M; \quad k = 1, 2, \cdots, K \tag{2.65}$$

$$y''_{jk} \in \{0, 1\}, \quad j = 1, 2, \cdots, M; \quad k = 1, 2, \cdots, K \tag{2.66}$$

其中, A_{jik} 表示在第 k 个阶段位于 j 点的设施为位于 i 点的客户提供服务的服务费现值; c'_{jk} 表示在第 k 个阶段位于 j 点的设施的迁移费现值; c''_{jk} 表示在第 k 个阶段在 j 点建立设施的建造费现值; m_k 表示在阶段 k 迁移设施的最大数目. 若阶段 k 位于 j 点的设施为位于 i 点的客户提供服务, 则 $x_{jik} = 1$, 否则, $x_{jik} = 0$; 若阶段 k 位于 j 点的设施发生迁移, 则 $y'_{jk} = 1$, 否则, $y'_{jk} = 0$; 若阶段 k 在 j 点开设设施, 则 $y''_{jk} = 1$, 否则, $y''_{jk} = 0$. 目标函数 (2.58) 表示 K 个阶段的总消耗费用之和最小; 约束 (2.59) 表示在阶段 k 有且仅有一个设施为位于 i 点的客户提供服务; 约束条件 (2.60) 表示在阶段 k 仅当位于 j 点的设施为位于 j 点的客户提供服务时, 才能为位于其他点的客户提供服务; 约束条件 (2.61) 表示在阶段 k 开放设施的个数为 G; 约束条件 (2.62) 表示在阶段 k 设施迁移的个数不能超过 m_k; 约束条件 (2.63) 说明了变量 x_{ijk}, y'_{jk} 及 y''_{jk} 之间的关系.

2.1.9 层级选址问题

在设施选址问题中, 有一类层级选址问题, 可描述如下: 某一公共服务设施网络系统由不同的等级设施构成, 低等级的设施只具有基本的服务水平, 而高等级的设施能提供更高水平的服务. 如: 伴随基本医疗保险覆盖范围的扩大, 政府部门正在利用行政干预和经济杠杆的作用, 推进新医疗服务体系的形成, 即由社区和大医院共同形成二级医疗体系, 该医疗体系的就诊原则是, "小病在社区, 大病到医院", 实行社区首诊和双向转诊制度. 这些举措将对使用医保支付的就医模式产生重大影响, 可有效缓解大医院的就诊压力, 使医疗资源的配置更为合理, 也更为高效.

在等级选址问题中, 假设等级不同, 设施提供的服务水平也不同, 同时, 不同等级设施之间的联系具有单流或者多流、嵌套或非嵌套[35] 等不同特征. 如果仅仅单独考虑某一等级的选址优化, 往往不能实现整个系统目标的最优化. 因此, 等级设施选址模型的构建与求解形成了当前学术界研究的热点之一.

这里, 以单流双层选址模型为例来说明层级设施选址问题.

假设要建立 p 个一级设施, q 个二级设施, 要求需求点到各应急设施的加权距离 (或费用) 之和最小. 于是, 其数学模型可构建如下:

$$\min \ \sum_{i=1}^{m}\sum_{k=1}^{L} d_{ik}u_{ik} + \sum_{k=1}^{L}\sum_{j=1}^{n} f_{kj}v_{kj} \tag{2.67}$$

$$\text{s.t.} \ \sum_{k=1}^{L} u_{ik} = w_i, \quad i = 1, 2, \cdots, m \tag{2.68}$$

$$\sum_{j=1}^{n} v_{kj} = \theta_k \sum_{i=1}^{m} u_{ik}, \quad k = 1, 2, \cdots, L \tag{2.69}$$

$$\sum_{i=1}^{m} u_{ik} \leqslant c_k^1 x_k^1, \quad k = 1, 2, \cdots, L \tag{2.70}$$

$$\sum_{k=1}^{L} v_{kj} \leqslant c_j^2 x_j^2, \quad j = 1, 2, \cdots, n \tag{2.71}$$

$$\sum_{k=1}^{L} x_k^1 = p \tag{2.72}$$

$$\sum_{j=1}^{n} x_j^2 = q \tag{2.73}$$

$$u_{ik} \geqslant 0, \quad i = 1, 2, \cdots, m; \quad k = 1, 2, \cdots, L \tag{2.74}$$

$$v_{kj} \geqslant 0, \quad k = 1, 2, \cdots, L; \quad j = 1, 2, \cdots, n \tag{2.75}$$

$$x_k^1 \in \{0, 1\}, \quad k = 1, 2, \cdots, L \tag{2.76}$$

$$x_j^2 \in \{0, 1\}, \quad j = 1, 2, \cdots, n \tag{2.77}$$

其中, d_{ik} 为从需求点 i 到一级设施 k 的距离; f_{kj} 为一级设施 k 到二级设施 j 的距离; w_i 为需求点 i 的需求量; θ_k 为接受一级设施服务后的客户仍需二级设施服务所占的比例; c_k^1 为一级设施 k 的容量; c_j^2 为二级设施 j 的容量; u_{ik} 为一级设施 k 为需求点 i 提供的服务量; v_{kj} 为经一级设施 k 服务后, 仍需二级设施 j 的服务量; 若在 k 点建造一级设施, $x_k^1 = 1$, 否则, $x_k^1 = 0$; 若在 j 点建造二级设施, $x_j^2 = 1$, 否则, $x_j^2 = 0$. 目标函数 (2.67) 为最小化需求点到一级设施, 以及一级设施到二级设施的加权距离 (或费用) 之和; 约束条件 (2.68) 确保一级设施为需求点 i 提供服务的服务量之和等于需求点 i 的需求量; 约束条件 (2.69) 则确保部分客户在接受完一级设施服务后, 仍需二级设施为其提供服务, 这部分客户所占比例为 θ_k; 约束条件 (2.70) 和 (2.71) 分别为一级和二级设施的容量约束; 约束条件 (2.72) 和 (2.73) 分别为一级设施和二级设施的建造个数约束.

2.1.10　竞争选址问题

早期的选址模型有一个基本假设: 在做出选址决策之前, 该地区尚无其他提供类似服务的设施存在, 即不存在竞争对象[36]. 然而, 在实际问题中, 这条假设往往未必满足, 在新增设施进入前, 市场通常已有一个或多个竞争设施存在, 因此, 有必要对已有的选址模型进行改进.

构建竞争选址模型的基本思想大致分为两类: 一类是从后来竞争者的角度出发, 在先进入的公司已经安置设施的情况下, 研究如何选址才能获得最大的市场份额或利润; 另一类是从最早进入市场的公司角度出发, 研究如何选址才能在后来的竞争者进入同一市场时仍获利最大, 较为极端的情况是使后入者无利可图, 从而垄断市场.

最大市场份额模型和预先抢占市场模型是两种最基本的竞争选址模型.

1. 最大市场份额模型

Revelle 于 1986 年提出的最大市场份额模型[37] 是一种很有前途的竞争选址模型, 被 Friesz 等称为 "很可能是未来网络竞争选址的三个基础模型之一"[38]. 它从即将进入市场的公司角度出发, 考虑在市场中已有一些竞争设施的情况下, 如何选定 p 个设施的位置, 才能获得最大的市场份额.

这种最大市场份额模型基于 Church 和 Revelle 的最大覆盖选址模型, 很像 p-中值模型. 不妨将新进入的公司称为 A, 由于市场中原有的公司与 A 有相同竞争关系, 将其总称为公司 B, 于是, 可构建公司 A 选址的数学模型如下[36]:

$$\max \quad \sum_{i=1}^{m} a_i y_i + \sum_{i=1}^{m} \frac{a_i}{2} z_i \tag{2.78}$$

$$\text{s.t.} \quad y_i \leqslant \sum_{j \in N_i(b_i^0)} x_j, \quad i = 1, 2, \cdots, m \tag{2.79}$$

$$z_i \leqslant \sum_{j \in O_i(b_i^0)} x_j, \quad i = 1, 2, \cdots, m \tag{2.80}$$

$$y_i + z_i \leqslant 1, \quad i = 1, 2, \cdots, m \tag{2.81}$$

$$\sum_{j=1}^{n} x_j = p \tag{2.82}$$

$$x_j, y_i, z_i \in \{0, 1\}, \quad i = 1, 2, \cdots, m; \quad j = 1, 2, \cdots, n \tag{2.83}$$

其中, a_i 为 i 点的需求量; b_i^0 为公司 B 最靠近需求点 i 的设施点; $N_i(b_i^0) = \{j | d_{ij} < d_{ib_i^0}, \ j = 1, 2, \cdots, n\}$; $O_i(b_i^0) = \{j | d_{ij} = d_{ib_i^0}, \ j = 1, 2, \cdots, n \ 且 \ j \neq b_i^0\}$; d_{ij} 为点 i 与点 j 的距离; $d_{ib_i^0}$ 为点 i 到最近的 B 公司设施的距离; 若公司 A 在 j 点开放设施, 则 $x_j = 1$, 否则, $x_j = 0$; 若点 i 的需求由公司 A 的设施完全分配, 则 $y_i = 1$, 否则, $y_i = 0$; 若点 i 的需求分配给不在同一点的两个竞争设施, 则 $z_i = 1$, 否则, $z_i = 0$.

上述模型中, 目标 (2.78) 为公司 A 获得的市场份额最大化, 其第一项为单独由公司 A 服务的市场份额总和, 第二项为当需求点与 A, B 的最近设施距离相等时, 公司 A 获得的市场份额总和; 约束 (2.79) 规定了只有在 $N_i(b_i^0)$ 中安置了公司 A 的设施, 需求点 i 的需求才能完全由公司 A 服务; 约束 (2.80) 规定了只有在 $O_i(b_i^0)$ 中的某点安置了公司 A 的设施, 需求点 i 的一半需求量才能由公司 A 服务; 约束 (2.81) 说明需求点 i 的需求完全分配给了公司 $A(y_i = 1, z_i = 0)$, 或者一半分配给了公司 $A(y_i = 1, z_i = 1)$, 或者完全分配给公司 $B(y_i = 0, z_i = 0)$; 约束 (2.82) 确保开放设施个数为 p.

2. 预先抢占市场模型

预先抢占市场选址问题最早由 Serra 和 Revelle 研究[39], 他们假设公司 A 首先进入市场, 欲安置 p 个设施, 并且预见到未来将有其他竞争者进入市场. 唯一确定的信息是, 竞争者将安置 q 个竞争设施, 现要考虑公司 A 应如何安置 p 个设施, 才能使得自己在竞争设施被最优安置的情况下获利最大, 也就是使公司 B 获得的平均最大市场份额最小. 模型的数学表述如下:

$$\max \ \sum_{i=1}^{m} a_i y_i + \sum_{i=1}^{m} \frac{a_i}{2} z_i \tag{2.84}$$

$$\text{s.t.} \ \ y_i \leqslant \sum_{j \in N_i(b_i^0)} x_j, \quad i = 1, 2, \cdots, m \tag{2.85}$$

$$z_i \leqslant \sum_{j \in O_i(b_i^0)} x_j, \quad i = 1, 2, \cdots, m \tag{2.86}$$

$$y_i + z_i \leqslant 1, \quad i = 1, 2, \cdots, m \tag{2.87}$$

$$\sum_{j=1}^{n} x_j = p \tag{2.88}$$

$$x_j, \, y_i, \, z_i \in \{0, 1\}, \quad i = 1, 2, \cdots, m; \quad j = 1, 2, \cdots, n \tag{2.89}$$

该模型形式和最大市场份额模型形式非常相似, 主要区别在于 N_i, O_i 的不同. 最大市场份额模型中, 竞争者在网络上的选址是事先知道的, 所以 N_i, O_i 已知, 而对于预先抢占市场模型, 由于竞争者尚未安置设施, 所以公司 A 事先并不知道 N_i, O_i, 但竞争者是在公司 A 选址后进入市场的, 他们当然知道 A 的选址, 并且知道自己的 N_i, O_i, 从而可用最大市场份额模型选址以获得最大市场份额, 公司 A 的目标就是确定自己设施的位置以使竞争者获得的最大市场份额最小.

该模型有个关键的性质, 即, 若公司 A, B 都安置 p 个设施, 则在公司 B 选址后, 公司 A 获得的市场份额将不超过 50%, 而公司 B 获得的市场份额往往超过 50%, 若公司 B 和公司 A 的选址完全相同, 则将各自获得 50% 的市场份额.

2.2   现代应急设施选址模型

最初, 国内外学者所构建的应急设施选址模型大多以基础模型为主, 包括 p-中值模型、p-中心模型、覆盖模型等. 但无论是何种基础模型, 都是确定型的模型. 在实际现实生活中, 突发事件往往具有突发性和不确定性, 因此, 每个应急点是否发生事故都具有随机性. 于是, 随着研究的不断深入, 出现了一系列改进之后的模型. 这里, 结合应急实际情况和特点, 介绍几种应急设施选址模型.

2.2.1   基于最大期望覆盖选址问题的应急设施选址模型

考虑到在同一个服务区内可能同时出现两起或多起突发事件, 这样, 利用确定型模型进行的资源布局就可能会造成应急服务设施不能满足应急需求的情况, 即系统处于"拥挤"状态. 多起突发事件同时出现时, 即使在自己覆盖的范围内, 应急服务设施也未必能对呼叫做出及时的响应. 针对该情况, Daskin[40] 对最大覆盖问题模型进行了扩展, 提出了最大期望覆盖选址问题 (Maximal Expected Coverage Location Problem, MECLP), 解决了应急服务系统出现拥挤时原有覆盖模型不能及时进行应急响应的问题.

MECLP 模型是一个提出较早且具有影响的概率选址模型, 其最大特点是将随机性建立在目标函数上, 而其他概率模型都将随机性建立在约束条件上. 该模型假设每个应急服务设施都是相互独立运营, 且每个服务设施都具有相同"占用概率" (Busy Fraction), 可设其为 q.

相关符号可定义如下:

h_k: 需求点 k 的需求量;

$$y_{jk} = \begin{cases} 1, & \text{需求点 } k \text{ 至少被 } j \text{ 个应急设施覆盖,} \\ 0, & \text{覆盖需求点 } k \text{ 的应急设施少于 } j \text{ 个;} \end{cases}$$

x_i: 在 i 点设置的应急设施数量;

D: 应急设施至候选服务设施点之间的限制距离;

d_{ki}: 应急设施点 i 与需求点 k 之间的距离;

$$a_{ki} = \begin{cases} 0, & d_{ki} > D, \\ 1, & d_{ki} \leqslant D. \end{cases}$$

由 a_{ki} 及 x_i 可知, 给定 N 个应急设施点, 能够覆盖需求点 k 的设施数量为 $\sum_{i=1}^{N} a_{ki} x_i$.

给定 m 个应急设施点, 当应急需求点 i 产生应急服务呼叫时, 至少有 1 个应急设施点的服务设施给予其及时响应, 及时响应的概率为

Pr(给定 m 个应急设施点, 至少有 1 个应急设施点的服务设施给予其及时响应)

$= 1 - \text{Pr}(\text{没有应急设施点的服务设施响应})$

$= 1 - q^m$

令 H_{km} 为一随机变量, 其值等于需求点 k 的需求量, 则

$$H_{km} = \begin{cases} h_k, & \text{概率为 } 1 - q^m \\ 0, & \text{概率为 } q^m \end{cases}$$

并且

$$E(H_{km}) = h_k (1 - q^m)$$

进而可得, 第 m 个应急服务设施对该期望值的边际贡献为

$$\begin{aligned} \Delta E(H_{km}) &= E(H_{km}) - E(H_{km-1}) \\ &= h_k q^{m-1}(1 - q), \quad m = 1, 2, \cdots, M \end{aligned} \tag{2.90}$$

由上述讨论, 可得如下 MECLP 模型:

$$\max \sum_{k=1}^{N} \sum_{j=1}^{M} (1 - q) q^{j-1} h_k y_{jk} \tag{2.91}$$

$$\text{s.t.} \sum_{j=1}^{M} y_{jk} \leqslant \sum_{i=1}^{N} a_{ki} x_i, \quad k = 1, 2, \cdots, N \tag{2.92}$$

$$\sum_{i=1}^{N} x_i \leqslant M \tag{2.93}$$

$$x_i = 0, 1, \cdots, M, \quad i = 1, 2, \cdots, N \tag{2.94}$$

$$y_{jk} \in \{0, 1\}, \quad j = 1, 2, \cdots, M; \quad k = 1, 2, \cdots, N \tag{2.95}$$

该模型允许每个设施点可安置多台应急设施, 若 $y_{jk} = 1$, 则 $y_{1k} = y_{2k} = \cdots = y_{jk} = 1$; 若 $y_{lk} = 1$, 则 $y_{lk} = y_{l+1,k} = y_{l+2,k} = \cdots = y_{Mk} = 0$. 其中, 目标函数 (2.91) 使应急点的服务需求期望值最大; 约束条件 (2.92) 保证应急需求点 k 被 j 个应急服务设施覆盖; 约束条件 (2.93) 使设置的应急服务设施数量不超过 M; 约束条件 (2.94) 及 (2.95) 为决策变量的取值范围.

2.2.2   多重覆盖选址模型

通常, 应急设施选址模型中存在两个基本假设: 一是临界覆盖距离的假设, 即如果需求点在临界覆盖距离内, 则完全被覆盖, 否则, 不被覆盖. 根据实际情况, 此假设过于严格, 覆盖距离应有一个机动浮动空间, 不同距离的服务设施可提供不同质量水平的服务. 二是应急服务设施对需求点一次覆盖的假设, 这种假设不适用于设施被占用或被破坏的情况. 现实中的重大突发事件往往会造成多个需求点对服务设施同时出现需求, 容易出现应急服务设施被占用的情况, 使得一些需求点无法获得应急服务.

有学者根据重大突发事件应急服务的特征, 对应急服务覆盖选址模型综合考虑了以下三点[41]: ①应确定合适的设施选址目标; ②对每个需求点覆盖的设施数目; ③设施覆盖需求点的不同距离. 根据需求点的重要程度 (权重) 不同, 对覆盖质量进行等级划分, 采取阶梯型服务质量水平形式, 在满足基本覆盖要求的同时, 对重要的需求点进行多重覆盖, 并同时考虑重大突发事件对服务设施能力破坏的情况. 在此基础上, 构建了满足不同服务质量水平下的多重覆盖模型, 即多重数量覆盖和多层级质量覆盖模型.

多重数量覆盖是指在满足覆盖距离的情况下, 为需求点提供多个设施的覆盖, 即多次覆盖; 多层级质量覆盖则是指应急需求点获得不同的、阶梯型的距离覆盖.

应急问题最显著的特点为强时效性, 且突发时间造成的损失大小与持续时间呈正相关, 当应急服务设施距离需求点越近、服务越及时, 则造成的损失越小. 因此, 在多重数量覆盖和多层级质量覆盖模型中, 可引入最大临界距离 D_U 和最小临界距离 D_L 的概念 ($D_L < D_U$). 假设需求点在最小临界距离内, 则认为完全覆盖, 设施提供高质量覆盖服务; 需求点在最大临界距离内是基本覆盖, 提供一般质量服务; 需求点到服务设施的距离超过最大临界距离, 则认为不被覆盖. 如图 2.1 所示: 设施点 1 在最小临界范围之内, 完全覆盖其服务的需求点 i; 设施点 2 在最小临界和

最大临界距离中间, 为需求点 i 提供基本覆盖服务; 设施点 3 与需求点 i 之间的距离超过最大临界距离 D_U, 则不能为需求点提供服务.

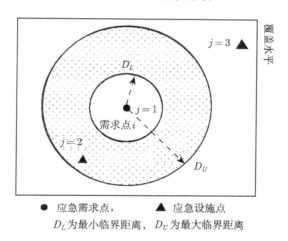

● 应急需求点, ▲ 应急设施点

D_L 为最小临界距离, D_U 为最大临界距离

图 2.1 不同等级的覆盖水平

不同覆盖距离提供不同覆盖质量水平的阶梯型覆盖模式比较合理, 考虑了不同距离的覆盖情况, 对每个需求点, 可能有多个设施对其提供不同覆盖水平的服务. 设覆盖水平函数为 C_i, C_i 可能是连续或离散的, 也可能是线性或非线性的. 为模型计算简便, 在多重数量覆盖和多层级质量覆盖模型中, 可假设覆盖水平随设施与需求点之间距离的增加而降低, 且呈线性关系. 当需求点 i 和设施点 j 之间距离 D_{ij} 大于或等于 D_U 时, 覆盖函数值为 0. 于是, 覆盖水平函数可表述为

$$C_i = \begin{cases} 1, & D_{ij} \leqslant D_L \\ 1 - \prod_{j \in R} (1 - f(D_{ij})), & D_L < D_{ij} \leqslant D_U \\ 0, & D_{ij} > D_U \end{cases}$$

其中, $f(D_{ij}) = \dfrac{D_U - D_{ij}}{D_U - D_L}$, $D_{ij} \in (D_L, D_U)$; R 代表覆盖需求点 i 的服务设施集合, $R \subset J$.

在某一灾害应急情景 s 下, 假设 I 为应急需求点集合 $(i \in I)$; J 为应急服务设施点候选集合 $(j \in J)$; p 为限定的应急服务设施数量. 可建立多重数量和质量覆盖模型 (Multi-Quantity & Quality Covering Location Problem, MQCLP)[41] 如下:

$$\max \quad \sum_{i \in I} M_i C_i u_i \tag{2.96}$$

$$\text{s.t.} \quad \sum_{j \in J} x_j = p \tag{2.97}$$

$$\sum_{j \in J} z_{ij} p_{sj} \geqslant Q_i u_i, \quad i \in I; \quad s \in S \tag{2.98}$$

$$z_{ij} \leqslant x_j, \quad i \in I; \quad j \in J \tag{2.99}$$

$$x_j \in \{0,1\}, \quad j \in J \tag{2.100}$$

$$u_i \in \{0,1\}, \quad i \in I \tag{2.101}$$

$$z_{ij} \in \{0,1\}, \quad i \in I; \quad j \in J \tag{2.102}$$

其中, M_i 为需求点 i 的人口数量; C_i 为需求点被覆盖服务水平 $(0 \leqslant C_i \leqslant 1)$, 其中 $C_i = 1$ 表示完全覆盖, $C_i = 0$ 表示没有设施提供服务; Q_i 为根据需求点的重要程度, 要求需求点 i 至少被覆盖的设施数目 (需求点 i 的重要程度可以用其在灾害情景 s 下的需求权重 $\beta_{is} \times e_{is} \times M_i$ 来表示, 其中, e_{is} 是指在灾害情景 s 下, 重大突发事件对需求点 i 影响程度系数; β_{is} 为在灾害情景 s 下, 重大突发事件对需求点 i 影响的概率); D_{ij} 为需求点 i 到应急服务设施点 j 的距离; p_{sj} 是指在灾害情景 s 下, 当应急服务设施 j 遭破坏, 服务能力下降后的能力系数 $(0 \leqslant p_{sj} \leqslant 1)$. 若应急服务设施 j 被选中, 则 $x_j = 1$, 否则, $x_j = 0$; 若需求点 i 被应急服务设施 j 覆盖, 则 $z_{ij} = 1$, 否则, $z_{ij} = 0$; 若需求点 i 被覆盖, 则 $u_i = 1$, 否则, $u_i = 0$.

目标函数 (2.96) 表示在不同服务质量水平下, p 个设施所覆盖的人口期望最大; 约束条件 (2.97) 表示需要布局的设施数目是 p; 约束条件 (2.98) 考虑了灾害对设施服务能力的下降的影响, 保证有足够具有服务能力的设施覆盖需求点; 约束条件 (2.99) 表示只有当服务设施被选定时, 才能为需求点提供服务; 约束条件 (2.100), (2.101) 及 (2.102) 规定 x_j, z_{ij} 和 u_i 为 0-1 变量.

2.2.3   应急系统层级选址模型

一些应急服务系统由不同等级的设施构成, 低等级的设施只具有基本的服务水平, 而较高等级的设施能提供更高水平的服务. 例如, 低等级消防站只配备基本的消防设备, 高等级消防站则配备先进的特种消防装备. 层级选址问题 (Hierarchical Location Problem)[42,43] 要求, 在具有不同等级设施的网络中进行设施数量和位置的选择.

根据实际情况, 不同等级的应急设施之间存在高低级设施相互独立型和相互从属型两种关系. 前者是指各等级设施相互独立地提供自己等级的服务和所有更低等级的服务, 如城市的消防体系; 后者是指高等级设施除提供自己的服务外, 还需对低等级设施在技术和设备上给予支持, 如我国的医疗卫生防疫体系等.

对独立型层级选址问题, 通常使用最大覆盖准则确定高级设施的位置, 对从属型层级选址问题, 则通常使用极小和准则确定高级设施的位置.

1. 独立型层级选址问题

独立型层级选址问题通常存在于城市救灾减灾应急反应系统中, 如城市消防系统和医护急救系统等. 根据城市防灾减灾设施必须全面覆盖需求点的特点, 这里给出两阶段的层级选址过程[44].

第一阶段: 首先确定能覆盖全部需求点所必需的最少设施数量和位置, 以此作为基本等级设施的选址:

$$\min \quad z = \sum_{j \in J} y_j \tag{2.103}$$

$$\text{s.t.} \quad \sum_{j \in J} a_{ij} y_j \geqslant 1, \quad i \in I \tag{2.104}$$

$$y_j \in \{0,1\}, \quad j \in J \tag{2.105}$$

其中, I 为需求点的集合; 候选设施点的集合为 J, 且 $J \subseteq I$; d_{ij} 为需求点 i 和候选设施点 j 之间的距离 (或行车时间); 设需求点 i 到候选设施 j 的最大距离 (或行车时间) 限制为 L, 当 $d_{ij} < L$ 时, 设施点 j 能覆盖需求点 i, $a_{ij} = 1$, 否则, $a_{ij} = 0$; 当候选设施点 j 被选中时, $y_j = 1$, 否则, $y_j = 0$.

目标函数 (2.103) 要求建立的应急设施数量最少; 约束条件 (2.104) 保证每个需求点至少被覆盖一次; 约束条件 (2.105) 确保 y_j 为 0-1 变量.

第二阶段: 在第一阶段选中的设施集合 $S = \{j | y_j = 1, j \in J\}$ 中, 根据各个需求点的某种重要性指标, 按最大覆盖模型确定 p 个高级设施位置, 使所覆盖需求点的价值总和最大.

第二阶段的选址可由下列最大覆盖模型确定:

$$\max \quad z = \sum_{i \in I} w_i x_i \tag{2.106}$$

$$\text{s.t.} \quad \sum_{j \in J} y_j - x_i \geqslant 0, \quad i \in I \tag{2.107}$$

$$\sum_{j \in J} y_j = p \tag{2.108}$$

$$x_i, y_j \in \{0,1\}, \quad i \in I, \quad j \in J \tag{2.109}$$

其中, w_i 为需求点 i 的价值权重系数; 当第 i 需求点被覆盖时, $x_i = 1$, 否则, $x_i = 0$; 当候选的高级设施 j 被选中时, $y_j = 1$, 否则, $y_j = 0$.

目标函数 (2.106) 使所覆盖需求点的价值总和最大; 约束条件 (2.107) 保证选定的高级设施覆盖需求点 i; 约束条件 (2.108) 指定被选择的高级设施数为 p; 约束条件 (2.109) 确保 x_i 及 y_j 为 0-1 变量.

2. 从属型层级选址问题

在从属型层级选址问题中, 各等级设施各自提供相应等级的服务[44]. 在基本等级设施所提供的服务不能满足需求时, 由邻近的高等级设施再提供服务. 高级设施除了同时提供基本和高级两种等级水平的服务外, 还需经常对邻近的基本等级设施提供支持. 例如, 在我国卫生防疫体系中, 基层卫生防疫站在业务上受上一级卫生防疫站的指导, 而上级卫生防疫站必须承担邻近若干个基层卫生防疫站的业务指导工作.

第一阶段: 与独立型层级选址问题相同, 采用位置集合覆盖模型, 确定能覆盖全部需求点所必需的最少设施数量和位置, 作为基本等级设施的选址, 详见独立型层级选址问题第一阶段模型.

第二阶段: 由于相互从属的高、低级设施之间经常有业务上的往来, 使用极小和准则 "指派" 高等级设施给其邻近的基本设施, 使选定的高级设施到指派给它的基本等级设施的距离加权和最小.

$$\min \quad z = \sum_{i \in I} \sum_{j \in J} (w_i d_{ij}) x_{ij} \tag{2.110}$$

$$\text{s.t.} \quad \sum_{j \in J} x_{ij} = 1, \quad i \in I \tag{2.111}$$

$$x_{ij} - y_j \leqslant 0, \quad i \in I, \quad j \in J \tag{2.112}$$

$$\sum_{j \in J} y_j = p \tag{2.113}$$

$$x_i, y_j \in \{0, 1\}, \quad i \in I, \quad j \in J \tag{2.114}$$

其中, I 为第一阶段确定的基本等级设施的节点集合; 候选高级设施点的集合为 J, 且 $J \subseteq I$; $w_i d_{ij}$ 为节点 i 和 j 之间的加权距离; 当候选高级设施点 j 被选中时, $y_j = 1$, 否则, $y_j = 0$; x_{ij} 反映节点 i 指派给节点 j 的情况, 当节点 i 指派给节点 j 时, $x_{ij} = 1$, 否则, $x_{ij} = 0$.

目标函数 (2.110) 确保使选定的高级设施到指派给它的基本等级设施的距离加权和最小; 约束条件 (2.111) 为每个基本等级设施唯一地指派给某个高级设施; 约束条件 (2.112) 保证只有开放的设施才能提供服务; 约束条件 (2.113) 保证选定的高级设施的数量为 p, 约束条件 (2.114) 确保 x_i 及 y_j 为 0-1 变量.

2.2.4　多目标应急系统选址模型

为充分体现公共服务设施的公平性和效率性, 在考虑重大突发事件应急救援设施的选址决策目标时, 宜采用多目标决策模型. 首先是要求应急救援设施覆盖所有需求区域, 在考虑具体目标时, 一是从反应时间或公平性考虑, 要求应急救援设施服务需求点的最大距离 (或最大加权距离) 最小; 二是从超额覆盖和备用设施考虑, 要求应急救援设施超额覆盖需求区域的总权重为最大; 三是从应急救援设施的易接近性和使用效率出发, 要求应急救援设施服务需求点的总加权距离为最小.

　　根据重大突发事件发生频率低但产生影响大的特点, 有些学者提出的多目标选址模型综合考虑了应急救援设施的公平性和效率性, 整合了传统选址模型中常用的最大覆盖模型、p-中心模型和 p-中值模型, 以适应重大突发事件应急救援设施的不同部署策略.

　　记 I 为需求点集合, J 为候选设施集合; 并定义下述符号:

w_i: 需求点 i 的权重;

q_i: 需求点 i 要求的最少服务设施数;

d_{ij}: 需求点 i 到候选设施 j 的行车距离;

p: 预先确定的应急救援设施数目;

x_i: 需求点 i 被超额覆盖的次数 $(i = 1, 2, \cdots, I)$;

y_j: 0-1 变量, 若设施 j 被选择, $y_j = 1$, 否则, $y_j = 0$;

z_{ij}: 0-1 变量, 当设施 j 服务需求点 i, $z_{ij} = 1$, 否则, $z_{ij} = 0$.

于是, 应急救援设施选址的多目标决策模型[45] 可表述为

$$\min \ V_1 = L \tag{2.115}$$

$$\min \ V_2 = \sum_{i \in I} w_i x_i \tag{2.116}$$

$$\min \ V_3 = \sum_{i \in I} \sum_{j \in J} w_i d_{ij} z_{ij} \tag{2.117}$$

$$\text{s.t.} \ \sum_{j \in J} y_j = p \tag{2.118}$$

$$\sum_{j \in J} z_{ij} - x_i \geqslant q_i, \quad i \in I \tag{2.119}$$

$$z_{ij} - y_i \leqslant 0, \quad i \in I, \quad j \in J \tag{2.120}$$

$$\sum_{j \in J} w_i d_{ij} z_{ij} \leqslant q_i L, \quad i \in I \tag{2.121}$$

$$y_j, z_{ij} \in \{0, 1\}, \quad i \in I, \quad j \in J \tag{2.122}$$

$$x_i \geqslant 0, \quad i \in I \tag{2.123}$$

约束条件 (2.118) 和 (2.120) 保证设置的应急救援设施数目为给定的 p; 约束

条件 (2.119) 保证设置的应急救援设施数目不低于需求点 i 要求的最少设施数 q_i, 超出的数目 $\left(\sum\limits_{j \in J} z_{ij} - q_i\right)$ 为需求点 i 的超额覆盖的次数 x_i; 目标函数 (2.115) 和约束条件 (2.121) 则使设置的应急救援设施服务需求区域的加权最大距离 (平均意义上)L 为最小 (即 p-中心模型), 从而体现公平性; 目标函数 (2.116) 和约束条件 (2.119) 使超额覆盖最大化, 其主要目的是使权重越大的需求区域有更多的应急救援设施为其服务; 目标函数 (2.117) 和约束条件 (2.119) 使设置的应急救援设施服务需求点的加权总距离为最小 (即 p-中值模型), 从而体现效率性.

2.2.5　带容量限制约束的应急设施选址模型

由于非常规突发事件发生的概率和频率较低, 因此, 大规模储存应急物资会导致政府财政预算的急剧增加. 考虑到应急设施的建设规模和容量有限, 有些学者提出了更符合实际情况的带容量限制约束的双目标多级覆盖应急设施选址模型[46].

首先, 可对模型作如下假设:

(a) 设施点和需求点均为离散的, 且需求点数为 m, 候选设施点数为 n, 需选择的设施点为 p;

(b) 任意设施点和需求点的距离为欧氏距离或实际行车距离;

(c) 设施点可以为多个需求点提供服务, 且设施点有容量限制;

(d) 待建设施点的数量有限, 为 p 个;

(e) 需求点根据其需求量可由 k 个设施同时为其提供不同级别的服务 $(k = 1, 2, \cdots, p)$;

(f) 设施点为需求点提供的每个覆盖等级服务根据各等级的覆盖半径随其到需求点的距离的增加而逐渐衰减.

定义下述符号:

N_i: 需求点 i 的需求量;

l_i: 需求点 i 需要的覆盖级数;

w_i^k: 需求点 i 第 k 个设施点提供服务的权重, 且权重之和为 1;

S^k: 需求点在第 k 级被完全覆盖的最大距离;

d_{ij}: 点 i 到设施点 j 的距离;

$F_i^k(d_{ij})$: 设施点 j 为需求点 i 提供第 k 级服务的覆盖衰减函数;

W_j: 设施 j 的最大容量;

f_j: 设施 j 的固定建设成本;

v: 单位物资单位距离内的运输成本;

x_{ij}^k: 0-1 变量, 当设施点 j 为需求点 i 提供第 k 级覆盖, $x_{ij}^k = 1$, 否则, $x_{ij}^k = 0$;

y_j: 0-1 变量, 设施点 j 被选择, $y_j = 1$, 否则, $y_j = 0$.

于是, 考虑容量限制的双目标多级覆盖应急设施选址模型可表述如下:

$$\max \quad z_1 = \sum_{i \in I} \sum_{j \in J} \sum_{k \in l_i} w_i^k F_i^k(d_{ij}) N_i x_{ij}^k \tag{2.124}$$

$$\min \quad z_2 = \sum_{j \in J} f_j y_j + v \sum_{i \in I} \sum_{j \in J} \sum_{k \in l_i} w_i^k F_i^k(d_{ij}) N_i d_{ij} x_{ij}^k \tag{2.125}$$

$$\text{s.t.} \quad \sum_{j \in J} y_j = p \tag{2.126}$$

$$\sum_{j \in J} x_{ij}^k = 1, \quad i \in I, \quad k \in l_i \tag{2.127}$$

$$\sum_{k \in l_i} x_{ij}^k \leqslant y_j, \quad i \in I, \quad j \in J \tag{2.128}$$

$$\sum_{i \in I} \sum_{k \in l_i} F_i^k(d_{ij}) N_i x_{ij}^k \leqslant W_j, \quad j \in J \tag{2.129}$$

$$y_j \in \{0, 1\}, \quad j \in J \tag{2.130}$$

$$x_{ij}^k \in \{0, 1\}, \quad i \in I, \quad j \in J, \quad k \in l_i \tag{2.131}$$

其中, 覆盖衰减函数 $F_i^k(d_{ij})$ 可表示为

$$F_i^k(d_{ij}) = \begin{cases} 1, & d_{ij} \leqslant S^k \\ \alpha \left[1 - \dfrac{d_{ij} - S^k}{\max(d_{ij}) - S^k} \right]^{\beta}, & d_{ij} > S^k \end{cases} \tag{2.132}$$

目标函数 (2.124) 使需求点被覆盖的总加权需求量最大; 目标函数 (2.125) 使设施总成本 (运输成本、建设成本) 最小; 约束条件 (2.126) 规定需要建立的设施点的数量; 约束条件 (2.127) 表示需求点的每一需求水平只能由一个设施点提供服务; 约束条件 (2.128) 表示只有设施点被选定时才能为需求点提供不同等级的服务; 约束条件 (2.129) 表示设施提供的物资量之和不能超过其最大容量; 约束条件 (2.130) 和 (2.131) 表示 y_j 和 x_{ij}^k 均为 0-1 决策变量.

第3章　经典优化方法

求解设施选址问题的经典方法主要有: 分支定界法、割平面法、动态规划法、拉格朗日松弛法及一些混合型算法. 然而, 由于绝大多数选址问题的复杂性, 这些方法一般只能解决规模不大的简单例子. 例如, 对于问题规模为 n 的二次分配问题共有 $(n-1)!/2$ 个不同的可行解, 其解空间随问题规模呈指数增长, 很难在有效的计算时间内利用经典方法找到最优解[23].

3.1　分支定界法

分支定界法 (Branch and Bound Method) 由 Land Doig 等于 20 世纪 60 年代提出, 该方法是求解整数规划问题和混合整数规划问题最常用的算法之一[47].

3.1.1　分支定界法原理

分支定界法的基本原理是, 首先, 不考虑整数约束, 求解原整数规划问题或混合整数规划问题的松弛问题, 在松弛问题存在最优解的前提下, 选一个不是整数解的变量, 从可行域内部切割, 将之一分为二, 对应地, 松弛问题分成了两个子问题, 该过程称为分支. 这时, 子问题的可行域包含了原整数规划问题或混合整数规划问题的全部可行解, 而舍弃了一部分非整数解. 分支之后, 某些整数解有可能处于可行域的边界上, 从而有机会成为子问题的最优解. 一般情况下, 子问题还需再分支. 分支的进程需与所谓定界相结合, 即将某一子问题的整数最优解对应的目标值作为界限, 只考虑比界限好的分支, 而剔除比界限差的分支. 使用定界这一手段, 可以减少计算时间, 提高搜索效率.

分支定界法的算法步骤可叙述如下:

第 1 步　先不考虑原问题的整数限制, 求解相应的松弛问题. 若松弛问题无可行解, 则原整数规划问题或混合整数规划问题也无可行解, 计算终止; 否则, 转第 2 步.

第 2 步　检查松弛问题的最优解, 若符合整数要求, 则它也是原问题的最优解, 计算终止; 否则, 转第 3 步.

第 3 步　设定初始界限. 对于最大化问题, 取初始上界为松弛问题的最优目标函数值, 即初始下界为 $-\infty$; 对于最小化问题, 取初始下界为松弛问题的最优目标函数值, 即初始上界为 $+\infty$.

第 4 步 分支. 依据变量重要性, 选一个不符合整数条件的变量 $x_i = b'_i$, 构造两个约束条件:

$$x_i \leqslant [b'_i] \quad \text{和} \quad x_i \geqslant [b'_i] + 1$$

分别加入松弛问题以得到两个子问题, 并对其分别进行求解.

第 5 步 剪支. 子问题的解有下列三种可能:

(1) 无可行解. 该分支已被查清, 可将对应的子问题剪支.

(2) 有整数最优解. 将该子问题对应的目标值与已有界限做比较: 若大于下界 (最大化问题), 或小于上界 (最小化问题), 则将该目标值作为新的界限 (下界或上界), 该分支已被查清.

(3) 最优非整数解. 若其目标值比界限好, 则令该子问题为松弛问题, 并返回第 4 步继续处理; 若目标值比界限差, 则该分支已被查清, 剪支.

第 6 步 所有分支都已查清, 则最后得到的界限是原整数规划问题或混合整数规划问题的最优值, 相应的解为最优解.

分支定界法实际上是基于遍历搜索的, 在遍历的过程中尽可能缩小搜索空间. 对给定问题实施分支定界法的过程中, 有许多选择: 首先是分支自身的选择, 在一般的整数规划问题中, 可能有许多划分空间的办法; 其次是下界的计算, 人们经常在两类界限中进行选择, 一类界限比较紧, 可是要求较多的计算时间, 而另一类不太紧, 但是能很快地算出; 再次是在每个分支步骤选择哪个点分支, 通常可供选择的方法是最优界优先, 后进先出, 或者先进后出等; 最后是在算法开始时运用某些启发式方法以产生一个初始解, 其对算法中尽早剪掉一些分支可能很有用, 但通常必须权衡启发式方法所要求的时间与可能得到的好处.

3.1.2 分支定界法在选址问题中的应用

分支定界思想不是一个特殊算法, 而是很广泛的一类算法. 这里, 以分支定界法对二次分配类型的选址问题求解为例予以说明[23].

自 1962 年 Gilmore 使用分支定界法求解 $n = 8$ 规模的 QAP 实例以来, 根据问题自身特点, 基于不同定界技术 (如方差缩减下界计算方法、基于正交松弛的 QAP 下界计算方法、基于凸二次松弛的 QAP 下界计算方法、基于半正定规划的 QAP 下界计算方法等) 的分支定界法已被用于 QAP 的求解, 并且, 分支定界法与并行技术、QAP 松弛方法、启发式方法、对偶上升方法等相结合, 在 QAP 问题求解中取得了较好效果. 到目前为止, 分支定界法已为 QAP 著名的难解实例之一 ——Nug30 提供了较好的下界.

用于 QAP 求解的分支策略主要有四种: 单赋值分支策略 (Single Assignment Branching Strategy)、对赋值分支策略 (Pair Assignment Branching Strategy)、相对定位分支策略、多分支策略或 K-分支策略 (Polytomic or K-Partite Branching Rule).

单赋值分支策略在每次分支过程中选择一个未被分配的设备到某一位置; 对赋值分支策略是在每次分支过程中分配两个设备到某两个位置. 与单赋值分支策略和对赋值分支策略不同, 相对定位分支策略的分支定界树深度与已被分配设备或位置的数量并不对应. 实验数据表明: 对赋值分支策略和相对定位分支策略在一定程度上优于单赋值分支策略. 多分支策略的分支过程是分配一个设备到所有适合的位置, 或分配某一位置到所有适合的设备.

　　分支定界的有效应用依赖于给现有的具体问题设计一个策略, 这往往是半艺术、半科学的. 大多数选址问题都属于 0-1 整数规划问题, 结合实际选址问题的特征, 很多学者首先将其 0-1 数学规划模型等价转化为混合 0-1 整数规划模型, 然后再利用分支定界法进行求解, 这样可以减小分支定界树的规模, 进而降低其计算复杂性.

　　例如, 可以将无容量设施选址问题等价转换为

$$\min \quad \sum_{i=1}^{m}\sum_{j=1}^{n}c_{ij}x_{ij}+\sum_{i=1}^{n}f_iy_i \tag{3.1}$$

$$\text{s.t.} \quad \sum_{i=1}^{m}x_{ij}=1, \quad \forall j \in J \tag{3.2}$$

$$\sum_{j=1}^{n}x_{ij}-my_i \leqslant 0, \quad \forall i \in I \tag{3.3}$$

$$x_{ij} \geqslant 0, \quad y_i \in \{0,1\}, \quad \forall i \in I, \quad \forall j \in J \tag{3.4}$$

当 $y_i = 0$ 时, 有 $\sum_{j=1}^{n}x_{ij} \leqslant 0$, 所以, 对 $\forall j \in J$, 有 $x_{ij}=0$; 当 $y_i=1$ 时, $\sum_{j=1}^{n}x_{ij} \leqslant m$, 再由约束 (3.2) 和 (3.4) 可得, 对 $\forall j \in J$, 有 $x_{ij} \leqslant y_i$. 故不等式族 (3.3) 和不等式族 (2.26) 等价.

　　设 x^0, y^0 为 (3.1)—(3.4) 的一个可行解, 对 y^0 建立下列线性规划问题 $\text{LP}(y^0)$:

$$\min \quad \sum_{i=1}^{m}\sum_{j=1}^{n}c_{ij}x_{ij} \tag{3.5}$$

$$\text{s.t.} \quad -\sum_{j=1}^{n}x_{ij} \geqslant -my_i^0, \quad \forall i \in I \tag{3.6}$$

$$\sum_{i=1}^{m}x_{ij}=1, \quad \forall j \in J \tag{3.7}$$

$$x_{ij} \geqslant 0, \quad \forall i \in I, \quad \forall j \in J \tag{3.8}$$

(3.5)—(3.8) 的对偶线性问题 DLP(y^0) 为

$$\max \sum_{j=1}^{n} v_j - \sum_{i=1}^{m} m y_i^0 w_i \tag{3.9}$$

$$\text{s.t.} \quad -w_i + v_j \leqslant c_{ij}, \quad \forall i \in I, \quad \forall j \in J \tag{3.10}$$

$$w_i \geqslant 0, \quad \forall i \in I \tag{3.11}$$

其中, (w, v) 为具有相应维数的对偶乘子.

令 k 表示 (3.1)—(3.4) 分支定界树生成的第 k 个节点, 记

$$J_k^0 = \left\{ i \mid y_i \text{ 还未取定值的 0-1 变量}, i \in I \right\}$$

$$J_k^+ = \left\{ i \mid y_i = 1, i \in I \right\}$$

$$J_k^- = \left\{ i \mid y_i = 0, i \in I \right\}$$

定理 3.1 设 z^* 和 $u^* = (w^*, v^*)$ 分别为 (3.9)—(3.11) 的最优值和最优解, 在分支定界树的任一节点 k 处, 考虑下述问题 $(p(k))$:

$$\min \sum_{i=1}^{m} \sum_{j=1}^{n} c_{ij} x_{ij} + \sum_{i \in J_k^0} f_i y_i + \sum_{i \in J_k^+} f_i \tag{3.12}$$

$$\text{s.t.} \quad -\sum_{j=1}^{n} x_{ij} \geqslant -m y_i, \quad \forall i \in I \tag{3.13}$$

$$\sum_{i=1}^{m} x_{ij} = 1, \quad \forall j \in J \tag{3.14}$$

$$x_{ij} \geqslant 0, \quad \forall i \in I, \quad \forall j \in J \tag{3.15}$$

$$y_i \in \{0, 1\}, \quad i \in J_k^0 \tag{3.16}$$

则有

$$f(p(k)) \geqslant z^* + m \sum_{i=1}^{m} w_i^* y_i^0 + \sum_{i \in J_k^+} (f_i - m w_i^*) + \sum_{i \in J_k^0} \min \{0, f_i - m w_i^*\}$$

定理 3.1 给出了分支定界树在任一节点 k 处最优目标函数值下界的一个估计式. 以该式为基础, 可得下述求解无容量设施选址问题的分支定界法[48]:

第 1 步

(1) 置 $N = 0$, $k = 0$, $J_k^0 = \{1, 2, \cdots, m\}$, $J_k^+ = J_k^- = \varnothing$.

(2) 令 $y^0 = (1, 1, \cdots, 1)^{\mathrm{T}}$, 求解线性规划 (3.5)—(3.8), 设最优解为 $x^0 = (x_{ij}^0)$, 并记 $(x^*, y^*) = (x^0, y^0)$; 计算初始上界 $\mathrm{UB} = \sum_{i=1}^{m} f_i y_i^0 + \sum_{i=1}^{m} \sum_{j=1}^{n} c_{ij} x_{ij}^0$.

(3) 解对偶问题 (3.9)—(3.11), 并记其最优目标函数值与最优解分别为 z^* 和 (w^*, v^*).

(4) 对所有 $i = 1, 2, \cdots, p$, 计算 $L(i) = f_i - m w_i^*$.

第 2 步   令 $N = N + 1$, $k = k + 1$, $J_k^0 = J_{k-1}^0 \backslash \{N\}$, $J_{k-1}^- \bigcup \{N\}$.

第 3 步   计算 $\mathrm{LB} = z^* + m \sum_{i=1}^{m} w_i^* y_i^0 + \sum_{i \in J_k^+} L(i1) + \sum_{i \in J_k^0} \min \{L(i1), 0\}$, 若 $\mathrm{LB} \geqslant \mathrm{UB}$, 则转第 5 步.

第 4 步   若 $N < m - 1$, 则转第 2 步, 否则, 令 $N = N + 1$, $k = k + 1$, $J_k^0 = J_{k-1}^0 \backslash \{N\}$, $J_k^- = J_{k-1}^- \bigcup \{N\} (J_k^0 = \varnothing)$, 由 J_k^+ 和 J_k^- 可唯一确定变量 y 的值, 记为 $\bar{y}$, 转第 7 步.

第 5 步   若 $N \in J_k^-$, 则令 $k = k + 1$, $J_k^- = J_{k-1}^- \backslash \{N\}$, $J_k^+ = J_{k-1}^+ \bigcup \{N\}$, 转第 3 步.

第 6 步   令 $J_k^+ = J_k^+ \backslash \{N\}$, $J_k^0 = J_k^0 \bigcup \{N\}$, $N = N - 1$, 若 $N = 0$, 则转第 10 步; 否则转第 5 步.

第 7 步   解线性规划 $(\mathrm{LP}(\bar{y}))$, 若 $(\mathrm{LP}(\bar{y}))$ 不可行, 转第 9 步; 否则, 设其最优解为 $\bar{x} = (\bar{x}_{ij})$, $\bar{z} = \sum_{i=1}^{m} \sum_{j=1}^{n} c_{ij} \bar{x}_{ij} + \sum_{i=1}^{m} f_i \bar{y}_i$.

第 8 步   若 $\bar{z} < \mathrm{UB}$, 令 $(x^*, y^*) = (\bar{x}, \bar{y})$, $\mathrm{UB} = \bar{z}$, 转第 9 步.

第 9 步   若 $N \in J_k^-$, 令 $k = k + 1$, $J_k^+ = J_{k-1}^+ \bigcup \{N\}$, $J_k^- = J_{k-1}^- \backslash \{N\}$, 转第 7 步; 否则, 转第 6 步.

第 10 步   算法停止, 输出最优解 (x^*, y^*).

算法第 1 步为初始步, 可任意给定问题的一个初始可行解和目标函数的一个上界; 第 2 步是分支; 第 3 步和第 4 步是在分支节点处定出下界, 并进行探测、剪枝或产生新的节点. 在探测过程中, 若分支定界树中没有活节点, 算法将在第 10 步终止.

分支定界法不仅很早就被应用于经典设施选址问题的求解, 而且在应急设施选址问题的求解中也得到了广泛应用. 然而, 由于大多数离散选址问题均属 NP 难题, 用分支定界法很难在合理的时间内找到规模较大实例的最优解, 因此, 发展和完善选址优化问题的方法仍是优化领域的研究难点.

3.2 割 平 面 法

与分支定界法相比, 割平面法 (Cutting Plane Method) 的基本思路是在松弛问题存在最优解的前提下, 通过增加约束条件, 从外部切割松弛问题的可行域, 使松弛问题的可行域逐步缩小. 每次切割只割去松弛问题的部分非整数解, 而把所有的整数可行解保留下来, 直到切割后得到的可行域至少有一个整数点恰好是原整数规划问题的最优解.

3.2.1 Gomory 割平面法

Gomory 割平面法由美国学者 R. E. Gomory 于 1958 年提出[47]. 该方法的基本思想是用单纯形法求解整数线性规划的松弛问题 P_0, 若所得解 X^0 是整数, 则它是原问题的最优解, 求解停止; 若 X^0 的分量不完全为整数, 则设法对 P_0 增加一个线性约束条件 (称为割平面条件), 这一新增条件将 P_0 所对应的可行域 D_0 中包含非整数解 X^0 的一部分割掉, 但仍保留 D_0 中所有整数可行解. 将增添了割平面条件的问题记为 P_1, 再对 P_1 进行求解, 得 X^1. 若 X^1 是整数, 则它是原问题的最优解, 求解停止, 否则, 对问题 P_1 再增加一个割平面条件 (割去 X^1, 且割掉的区域不含整数可行解), 得到问题 $P_2, \cdots$, 直至得到 P_k, 其最优解为整数解, 或说明原整数规划问题无可行解为止[49].

设纯整数规划问题 P 为

$$\min \quad z = \sum_{j=1}^{n} c_j x_j$$
$$\text{s.t.} \begin{cases} \sum_{j=1}^{n} a_{ij} x_j = b_i, & i = 1, 2, \cdots, m \\ x_j \geqslant 0, & j = 1, 2, \cdots, n \\ x_j \text{ 为整数}, & j = 1, 2, \cdots, n \end{cases} \tag{3.17}$$

其中, $a_{ij}, b_i (i = 1, 2, \cdots, m; \ j = 1, 2, \cdots, n)$ 均为整数 (或者可以全部化为整数).

P 的松弛问题 P_0 为

$$\min \quad z = \sum_{j=1}^{n} c_j x_j$$
$$\text{s.t.} \begin{cases} \sum_{j=1}^{n} a_{ij} x_j = b_i, & i = 1, 2, \cdots, m \\ x_j \geqslant 0, & j = 1, 2, \cdots, n \end{cases} \tag{3.18}$$

用单纯形法求解 P_0, 其基变量的下标集合为 S, 非基变量的下标集合为 $\bar{S}$. 求解 P_0 的最优单纯形表的典式为

$$x_i + \sum_{j \in \bar{S}} \bar{a}_{ij} x_j = \bar{b}_i, \quad i = 1, \cdots, m \tag{3.19}$$

若 $\bar{b}_i (i = 1, 2, \cdots, m)$ 全是整数, 则得到整数规划问题 P 的最优解, 否则, 至少有一个 $\bar{b}_l (1 \leqslant l \leqslant m)$ 不是整数, 设 $\bar{b}_l$ 所对应的约束方程为

$$x_l + \sum_{j \in \bar{S}} \bar{a}_{lj} x_j = \bar{b}_l \tag{3.20}$$

用 $[x]$ 表示不超过实数 x 的最大整数, 则有

$$\bar{a}_{lj} = [\bar{a}_{lj}] + f_{lj}, \quad j \in \bar{S} \tag{3.21}$$

$$\bar{b}_l = [\bar{b}_l] + f_l \tag{3.22}$$

其中, f_{ij} 是 $\bar{a}_{ij}$ 的真分数部分, $0 \leqslant f_{lj} < 1$, f_l 是 $\bar{b}_l$ 的真分数部分, $0 < f_l < 1$. 将 (3.21), (3.22) 代入 (3.20), 得

$$x_l + \sum_{j \in \bar{S}} [\bar{a}_{lj}] x_j - [\bar{b}_l] = f_l - \sum_{j \in \bar{S}} f_{lj} x_j \tag{3.23}$$

由于 x_l 和 $x_j (j \in \bar{S})$ 为整数, 因此, 式 (3.23) 左端是整数, 式 (3.23) 右端也为整数, 由 $0 \leqslant f_{lj} < 1$, $0 < f_l < 1$, $x_j \geqslant 0$, 可得

$$f_l - \sum_{j \in \bar{S}} f_{lj} x_j \leqslant f_l < 1$$

而既然是整数, 应有

$$f_l - \sum_{j \in \bar{S}} f_{lj} x_j \leqslant 0 \tag{3.24}$$

(3.24) 式就是对应第 l 行的 Gomory 割平面约束. 加入松弛变量 s 后, 可得割平面方程:

$$-\sum_{j \in \bar{S}} f_{lj} x_j + s = -f_l \tag{3.25}$$

于是, Gomory 割平面法的计算步骤可叙述如下:

第 1 步　检查所有约束条件的系数 a_{ij} 及右端常数 b_i, 若不全是整数, 则将约束条件两边同乘某一个数转为整数, 进而不考虑变量的整数约束, 得到该整数规划的松弛问题, 用单纯形法进行求解.

第 2 步 若松弛问题无解, 则整数规划问题无解, 计算终止; 若松弛问题有最优解, 且 $\bar{b}_i(i = 1, 2, \cdots, m)$ 均为整数, 则该解为整数规划问题最优解, 计算终止; 否则, 任选非整数解变量中的一个基变量, 并按最优表对应的行构造 Gomory 约束.

第 3 步 将 Gomory 约束加到松弛问题中得到新的线性规划, 并求解. 事实上, 可将 Gomory 约束加到上一步所得最优表中, 用对偶单纯形表求解新的松弛问题.

第 4 步 重复第 2 步至第 3 步, 直至求出整数最优解为止.

3.2.2 Martin 割平面法

Martin 割平面法是 Gomory 割平面法的一种变异, 其算法思想大致如下:

假定取割平面的源行, 它的系数非全为整数, 设为

$$x_i = b_i^{(1)} - \sum_{j \in N} a_{ij}^{(1)} x_j \tag{3.26}$$

称 (3.26) 为割的第一源行, 对应的第一割平面为

$$s_1 = -f_i^{(1)} - \sum_{j \in N} f_{ij}^{(1)} x_j \tag{3.27}$$

取 (3.27) 作为主元素所在行, 通过对偶单纯形法确定主元素, 设为 x_k, 并对 (注意仅对第一源行)(3.27) 作高斯消去法, 产生新的割的第二源行

$$x_i = b_i^{(2)} - \sum_{j \in N \setminus \{k\}} a_{ij}^{(2)} x_j - a_{is_1} s_1 \tag{3.28}$$

假定 (3.28) 的系数 $b_i^{(2)}, a_{ij}^{(2)}, j \in N \setminus \{k\}$ 及 a_{is_1} 至少有一个非整数, 则从 (3.28) 可产生新的割

$$s_2 = -f_i^{(2)} - \sum_{j \in N \setminus \{k\}} f_{ij}^{(2)} x_j - f_{is_1} s_1 \tag{3.29}$$

(3.29) 称为第二割. 以 (3.29) 作为主元素所在的行, 和第一源行 (3.26) 对 s_1(注意是对 s_1) 作主元素消去法, 可给出第 3 割平面源行

$$x_i = b_i^{(3)} - \sum_{j \in N \setminus \{k\}} a_{ij}^{(3)} x_j - a_{is_2}^{(3)} s_2$$

上述过程不断反复进行, 直至得到源行所有系数都是整数为止. 这时, 一系列的不同割平面将导出一复合的割平面.

Martin 割平面法的计算步骤可叙述如下:

第 1 步   对问题用单纯形法求解, 若无解则结束; 若所得解全都是整数, 则已求得解而结束, 否则转第 2 步.

第 2 步   选一系数非全为整数的行 (设为 i 行) 作为源行, 由之产生一割平面; 通过对偶单纯形法确定主元素列 (设为第 k 列).

第 3 步   利用产生的割平面对第 i 行作主元素消元, 主元素为割平面的第 k 列元素; 若主元素是整数则转第 5 步, 否则转第 4 步.

第 4 步   由消元后的割平面行产生新的割平面, 转第 3 步.

第 5 步   求复合割平面.

第 6 步   将复合割平面附于第 1 步的最终单纯形表之后, 转第 1 步.

3.2.3　割平面法在选址问题中的应用

求解选址问题的传统割平面法, 通常将所求问题的混合整数线性规划模型用于班德分解技术 (Benders' Decomposition Technique), 混合整数线性化模型被分解为主问题 (Master Problem) 和次问题 (Sub-Problem, 或 Slave Problem). 算法的整个切割过程为: 首先, 利用启发式方法在主问题中求得一可行解, 然后, 转入次问题, 如果次问题的对偶解满足主问题的所有约束, 则已求得原问题的最优解, 否则, 根据次问题的解形成一个最佳切割加至主问题中, 如此一直重复, 直到上限 (Upper Bound, UB) 等于或小于下限 (Lower Bound, LB) 时, 即得最优解. 但是, 由于上限和下限收敛到同一目标函数值这个过程, 往往需要耗费大量的运算时间, 因此, 实际上真正采用的并不多.

3.3　分支–切割法

将求解整数规划问题的分支定界法与割平面法相结合构造而成的分支–切割法, 则是解决各种离散选址问题非常成功的方法, 常常能确保在合理的计算时间内找到一个最优解.

定理 3.2   分支不会丢失整数可行解.

定理 3.3   割平面不会割掉整数可行解.

定理 3.4   对混合整数规划问题, 若有最优解, 则经过有限次迭代后, 可得到其最优解.

分支–切割法最早由 Padberg 和 Rinaldi 于 1991 年提出并被应用于旅行商问题, 取得了良好的效果. 该方法的思想很简单, 就是在分支定界法中随着分支树而产生一些割平面的切割不等式, 并加入原有的不等式中, 从而将部分分数最优点切掉, 加快分支定界法的搜索速度.

这里, 以如下混合整数线性规划问题为例, 说明分支–切割法的框架.

将混合整数线性规划问题

$$\min \ c^{\mathrm{T}}x$$
$$\text{s.t.} \begin{cases} Ax \leqslant b \\ x \geqslant 0 \\ x_i \ \text{为整数}, \quad i = 1, \cdots, p \end{cases}$$

作为标准形式. 其中, x 和 c 是 n 维向量; A 是一个 $m \times n$ 矩阵, 前 p 个变量被限制为整数, 其余的可以是分数. 于是, 分支–切割法可叙述如下:

第 1 步 初始化. 将上述整数规划问题用 MILP^0 表示, 其上界设为 $\bar{z} = +\infty$, 对任一问题 $l \in L$, 其下界设为 $z_l = -\infty$.

第 2 步 终止条件. 若 $L = \varnothing$, 则解 x^* 使得目标值 z 是最优的, 如果没有这样的 x^*, 则 MILP 不可行.

第 3 步 问题选择. 从 L 中选择并删除一个问题 MILP^l.

第 4 步 求解松弛问题. 解整数线性规划 MILP^l 的松弛问题, 若松弛问题不可行, 则令 $z_l = +\infty$, 然后执行第 6 步; 若有限, 则记 z_l 为松弛问题的最优目标值, x^i 为最优解; 否则, 令 $z_l = -\infty$.

第 5 步 加入割平面. 如果需要, 寻找割平面, 该割平面会破坏 $x^{\mathbb{R}}$; 若找到, 就将其加入松弛问题并返回第 4 步.

第 6 步 测量和删除.

(a) 如果 $z_l \geqslant \bar{z}$, 返回第 2 步;

(b) 如果 $z_l < \bar{z}$ 且 $x^{\mathbb{R}}$ 是整数并可行, 更新 $\bar{z} = z_l$, 将 L 中所有 $z_l \geqslant \bar{z}$ 的问题删除, 并返回第 2 步.

第 7 步 划分. 令 $\left\{s^{lj}\right\}_{j=1}^{j=k}$ 是问题 MILP^l 的约束集 s^l 中的一个划分. 在 L 中加入问题 $\left\{\text{MILP}^{lj}\right\}_{j=1}^{j=k}$, 这里, MILP^{lj} 是 MILP^l 对 s^{lj} 的可行域限制, 且 $z_{lj}(j = 1, 2, \cdots, k)$ 是问题 l 的 z_l 值集合. 返回第 2 步.

上述分支–切割法中, L 是分支–切割树的活动节点集. 已知 MILP 可行点对应的值为 $\bar{z}$, 即给出了 MILP 最优值的一个上界, 进一步地, z_l 是当前子问题的一个最优值下界, 子问题 LP 松弛问题的值可用来更新 z_l. 首先, 进行初始化. 初始化完成之后就开始从根节点进行分支. 然后, 求解子问题 MILP^l 的松弛问题, 若存在可行解, 则更新下界 z_l, 若 z_l 比全局上界 $\bar{z}$ 还要大, 则该子问题的可行解中必无原问题的最优解, 则放弃该子问题, 选择另一个子问题; 对于 $z_l < \bar{z}$, 进一步检查其是否有整数可行解, 若有整数可行解, 则该子问题的最优解已找到, 于是就可结束该子问题的研究. 然而, 通常这时是不具有整数可行解的, 此时, 首先根据事先定好的条件来判断是否加入切割不等式, 若不加入则直接进行分支, 若要加入切割不等式,

则进入切割不等式的生成过程. 经过切割不等式搜索过程之后, 若搜索到该子问题
分数最优解违反的切割不等式, 则将该不等式加入 $MILP^l$ 松弛问题重新进行求解,
若没有搜索到违反的切割不等式, 则继续进行分支产生新的子问题, 直至最后全局
上界等于全局下界, 从而求出问题的最优解.

在某些情况下, 在第 5 步可能发现很多不可用的割平面, 此时, 可对割平面进
行某种分类. 在第 7 步中形成的子问题叫做孩子子问题, 之前的 $MILP^l$ 问题即父
母子问题.

对整数规划问题的松弛问题, 有很多方法可以解决. 典型的方法是对原始松弛
问题用简单方法来解决, 随后的松弛问题用对偶方法来解决, 因为父母子问题的松
弛问题对偶解仍是孩子子问题的松弛问题可行解. 另外, 第 5 步中, 当割平面被加
入时, 当前的重复仍然是对偶可行的, 所以, 再次改变的松弛问题能够用对偶方法
来解决. 用一个内部点的方法也是可能的, 且当松弛问题规模相当大时, 是一个很
好的选择. 若目标函数或 MILP 中的约束为非线性, 问题仍可用分支–切割法来解
决. 由此可见, 分支–切割法是一个非常有用且成功的方法.

利用分支–切割法求解任何离散选址问题均有若干种方式, 其主要问题是决定
是否分支或是否切割以及如何分支与如何生成割平面, 这需要利用已有的知识和方
法并结合具体问题进行具体分析.

3.4   动态规划法

选址模型的计算结果可为选址决策提供指导性的依据, 而且, 为了更符合选址
应用的实际情况, 这些模型被不断地加以改进. 但是, 从本质上看, 这些模型都是静
态的, 根据模型结果确定的选址方案在较长的期间内并不会发生改变. 而由于客户
需求和费用成本会随时间变化, 因此, 按现阶段数据得出的解在未来并不一定是最
优的. 如果需要考虑在一个规划期内随时间变化的最优选址方案, 显然, 仅仅依靠
这些静态的选址模型是不够的.

当需要在一个较长的规划期内确定选址布局时, 为保证各阶段的选址为最优,
需要确定一个随时间变化的选址布局, 这就是动态选址. 这种选址方法与只在单一
阶段内寻找最佳数量、规模、位置的静态选址是不同的. 可以将动态选址看作是随
时间变化的多阶段决策问题, 每一阶段的选址决策不仅决定本阶段的效果, 也会影
响到整个后续阶段的效果. 因此, 可用动态规划法求解规划期内随时间变化的最优
选址布局方案.

动态规划方法的关键在于正确写出基本的递推关系式与合适的边界条件, 而要
做到这一点, 必须先将问题的过程分成几个相互联系的阶段, 并恰当选取状态变量
和决策变量以及定义最优值函数, 从而把一个大问题化成一族同类型的子问题来逐

个求解, 即从边界条件开始, 逐段递推寻优, 在每一个子问题的求解中, 均利用其前面子问题的最优化结果, 依次进行, 最后一个子问题所得的最优解, 就是整个问题的最优解.

当给一个实际问题建立动态规划模型时, 需做到以下五点:

(1) 将问题过程划分成恰当的阶段 (描述阶段的变量称为阶段变量, 常用 k 表示).

(2) 正确选择每一阶段 k 的状态变量 s_k, 使之既能描述过程演变, 又满足无后效性.

(3) 确定每一阶段 k 的决策变量 u_k 及每阶段的允许决策集合 $D_k(s_k)$.

(4) 正确写出由 k 阶段到 $k+1$ 阶段的状态转移方程.

(5) 正确写出指标函数 $V_{k,n}$ 的关系 (用于衡量所实现过程优劣的一种数量指标, 称为指标函数. 指标函数的最优值, 称为最优值函数, 记为 $f_k(s_k)$), 应满足下述三个性质:

(i) 是定义在全过程和所有后部子过程上确定的数量函数;

(ii) 具有可分离性, 并满足递推关系, 即

$$V_{k,n}(s_k, u_k, \cdots, s_{n+1}) = \varphi_k\left(s_k, u_k, V_{k+1,n}\left(s_{k+1}, u_{k+1}, \cdots, s_{n+1}\right)\right)$$

(iii) 函数 $\varphi_k\left(s_k, u_k, V_{k+1,n}\right)$ 对于变量 $V_{k+1,n}$ 需严格单调.

动态规划方法有逆序解法和顺序解法之分, 其关键在于正确写出动态规划的递推关系式. 一般而言, 当初始状态给定时, 用逆推较方便; 当终止状态给定时, 用顺推较方便.

通常情况, 动态规划逆序解法中 k 阶段与 $k+1$ 阶段的递推关系式可写为

$$f_k(s_k) = \underset{u_k \in D_k(s_k)}{\text{opt}} \{v_k(s_k, u_k) + f_{k+1}(s_{k+1})\}, \quad k = n, n-1, \cdots, 1$$

边界条件为

$$f_{n+1}(s_{n+1}) = 0$$

其求解过程为: 根据边界条件, 从 $k=n$ 开始, 由后向前递推, 从而逐步求得各阶段的最优决策和相应最优值, 最后求出 $f_1(s_1)$ 时, 即得整个问题的最优解.

动态规划顺序解法的基本方程为

$$f_k(s_{k+1}) = \underset{u_k \in D_k^r(s_{k+1})}{\text{opt}} \{v_k(s_{k+1}, u_k) + f_{k-1}(s_k)\}, \quad k = 1, 2, \cdots, n$$

边界条件为

$$f_0(s_1) = 0$$

式中 $D_k^r(s_{k+1})$ 为第 k 阶段的允许决策集合.

其求解过程为: 根据边界条件, 从 $k=1$ 开始, 由前向后顺推, 逐步求得各段的最优决策和相应最优值, 最后求出 $f_n(s_{n+1})$ 时, 即得整个问题的最优解.

经典的选址问题如: p-中值问题、覆盖问题、p-中心问题都是静态的和确定性的. 1968 年, Ronald H. Ballou 在 *Dynamic warehouse location analysis* 一文中首次指出了静态和确定性选址模型的不足, 并将动态规划引入选址问题, 从此, 动态选址问题得到了广泛的关注和研究. 目前, 各种实用的动态规划算法已被有效运用于多种选址问题的求解, 而且, 将动态规划与启发式算法相结合所设计的启发式动态规划方法也具有较好的求解性能.

3.5　拉格朗日松弛法

由计算复杂性理论知道, 除非 P = NP, 一些 NP 难题的组合优化问题在现有计算体系内不存在求得最优解的多项式时间算法. 但如果能在原有问题中减少一些约束, 则问题求解的难度就可大大减少, 使得减少约束后的问题能在多项式时间内求得最优解. 因此, 可将这些减少的约束称为难约束.

拉格朗日松弛法的基本原理是, 松弛原问题的难约束 —— 将造成原问题难的约束吸收到目标函数中, 并使得目标函数仍保持线性, 使得问题容易求解[50].

这里, 以整数规划问题为基础, 对拉格朗日松弛法的基本原理作阐述, 相应结果可推广到混合整数规划问题.

一般整数规划问题 IP 可描述为

$$
\begin{aligned}
z_{\mathrm{IP}} = \min \ & c^{\mathrm{T}}x \\
\text{s.t.} \quad & Ax \geqslant b \quad \text{(复杂约束)} \\
& Bx \geqslant d \quad \text{(简单约束)} \\
& x \in \mathbb{Z}_+^n
\end{aligned}
\tag{3.30}
$$

其中, (A, b) 为 $m \times (n+1)$ 整数矩阵, (B, d) 为 $l \times (n+1)$ 整数矩阵. IP 的可行解区域可记为: $S = \{x \in \mathbb{Z}_+^n | Ax \geqslant b, \ Bx \geqslant d\}$.

对于给定的拉格朗日乘子向量 $\lambda = (\lambda_1, \lambda_2, \cdots, \lambda_m)^{\mathrm{T}} \geqslant 0$, 将复杂约束 $Ax \geqslant b$ 吸收到目标函数中的拉格朗日松弛可定义为

$$
\begin{aligned}
z_{\mathrm{LR}}(\lambda) = \min \ & \{c^{\mathrm{T}}x + \lambda^{\mathrm{T}}(b - Ax)\} \\
\text{s.t.} \quad & Bx \geqslant d \\
& x \in \mathbb{Z}_+^n
\end{aligned}
\tag{3.31}
$$

LR 的可行解区域记为: $S_{\mathrm{LR}} = \{x \in \mathbb{Z}_+^n | Bx \geqslant d\}$.

定理 3.5 若 IP 的可行解区域非空, 则 $\forall\, \lambda \geqslant 0$, 存在 $z_{\mathrm{LR}}(\lambda) \leqslant z_{\mathrm{IP}}$.

证明 容易看出, $S \subseteq S_{\mathrm{LR}}$ 且 $\forall\, \lambda \geqslant 0$, $x \in S$, 可得

$$c^{\mathrm{T}}x + \lambda^{\mathrm{T}}(b - Ax) \leqslant c^{\mathrm{T}}x \Rightarrow z_{\mathrm{LR}}(\lambda) \leqslant z_{\mathrm{IP}}$$ ■

该结论说明拉格朗日松弛是 IP 的下界, 求解与原问题 z_{IP} 最接近的下界, 于是需要求解 IP 的拉格朗日松弛对偶问题 z_{LD}

$$z_{\mathrm{LD}} = \max_{\lambda \geqslant 0}\ z_{\mathrm{LR}}(\lambda) \tag{3.32}$$

每一个 λ 对应的 $z_{\mathrm{LR}}(\lambda)$ 都是 IP 的下界, 最好的下界 z_{LD} 可利用次梯度优化算法进行求解. 次梯度优化算法的基本思想为: 根据 $z_{\mathrm{LR}}(\lambda)$ 本身的分段线性进行构造, 对已得到的解可行化, 得问题上界 z_{UP}, 使用上界和下界的差值对每次迭代过程中的梯度进行修正, 直至达到一定的计算精度或时间限制要求为止, 即可求得满意解.

拉格朗日松弛算法是迄今为止选址算法中使用较为频繁的一种, 然而, 这种方法难以求解约束过多的情况, 并且当问题规模不断扩大时, 随着计算时间的大幅增加, 拉格朗日松弛法在计算精度上的优势也将失去竞争力.

3.6 半拉格朗日松弛法

3.6.1 基本数学性质

拉格朗日松弛法是求最小值组合优化问题的下界计算方法, 对于一个给定的问题, 通常有多种不同的拉格朗日松弛形式. 然而, 拉格朗日松弛对偶问题的最优目标值与原整数规划 IP 问题的最优目标值往往存在一定的差别. 为消除这种差别, 使得拉格朗日对偶问题的目标值与原整数规划 IP 问题的最优目标值相等, Cesar Beltran-Royo 等[51,52] 在讨论带有等式约束的组合优化问题时, 不仅利用拉格朗日松弛法将难等式约束吸收到目标函数中, 而且将该约束中的 "=" 改变为 "$\leqslant$", 生成新的不等式约束, 并仍保留在松弛问题中. 从此, 这种变种的拉格朗日松弛新法被称为半拉格朗日松弛法.

这里, 仍以整数规划问题为基础, 对半拉格朗日松弛法的基本原理予以说明.

带有等式约束的整数规划问题可被描述为

$$z^* = \min_{x}\ c^{\mathrm{T}}x \tag{3.33}$$

$$\text{s.t.} \quad Ax = b \tag{3.34}$$

$$x \in S := X \bigcap \mathbb{Z}_+^n \tag{3.35}$$

假设 3.1   规划 (3.33)—(3.35) 中, A 为非负矩阵, b 和 c 为非负向量; 集合 $X \subset \mathbb{R}^n$ 为凸锥, $0 \in X$.

半拉格朗日松弛法将约束 (3.34) 吸收到目标函数, 同时将其松弛为不等式约束, 得到新问题的对偶问题 z_{SLD}

$$z_{\text{SLD}} = \max_{\lambda \geqslant 0} z_{\text{SLR}}(\lambda) \tag{3.36}$$

其中, $z_{\text{SLR}}(\lambda)$ 为

$$z_{\text{SLR}}(\lambda) = \min_x \left\{ (c - A^{\text{T}}\lambda)^{\text{T}}x + b^{\text{T}}\lambda \,|\, Ax \leqslant b,\, x \in S \right\} \tag{3.37}$$

定理 3.6 $z_{\text{SLD}} \geqslant z_{\text{LD}}$.

证明   规划 (3.33)—(3.35) 的拉格朗日松弛对偶形式可写为

$$z_{\text{LD}} = \max_{\lambda \geqslant 0} z_{\text{LR}}(\lambda) \tag{3.38}$$

$$z_{\text{LR}}(\lambda) = \min_x \left\{ (c - A^{\text{T}}\lambda)^{\text{T}}x + b^{\text{T}}\lambda \,|\, x \in S \right\} \tag{3.39}$$

显然, (3.39) 较 (3.37) 宽松. 因此, 对任意 $\lambda \geqslant 0$, 有 $z_{\text{LR}}(\lambda) \leqslant z_{\text{SLR}}(\lambda) \leqslant z^*$, 进而可得 $z_{\text{LD}} \leqslant z_{\text{SLD}}$. ∎

定理 3.7   若 $z_{\text{SLR}}(\lambda)$ 的可行解集合 S 是由有限个整数点组成的集合, 则函数 $z_{\text{SLR}}(\lambda)$ 是凹函数, 且 $b - Ax(\lambda)$ 是 $z_{\text{SLR}}(\lambda)$ 在 λ 的次梯度.

证明   由于 S 是有限个整数点的集合, 记这些点为 $x^k (k = 1, 2, \cdots, K)$, 于是

$$z_{\text{SLR}}(\lambda) = \min_{\substack{x^k \\ 1 \leqslant k \leqslant K}} \left\{ c^{\text{T}}x^k + \lambda^{\text{T}}(b - Ax^k) \right\}$$

记达到最优值的点为 $x(\lambda)$, 则

$$z_{\text{SLR}}(\lambda) = c^{\text{T}}x(\lambda) + \lambda^{\text{T}}(b - Ax(\lambda))$$

$\forall \lambda^1,\ \lambda^2$ 及 $\lambda = \alpha\lambda^1 + (1-\alpha)\lambda^2,\ 0 \leqslant \alpha \leqslant 1$, 有

$$
\begin{aligned}
z_{\text{SLR}}(\lambda) &= c^{\text{T}}x(\lambda) + \lambda^{\text{T}}(b - Ax(\lambda)) \\
&= \alpha \left[c^{\text{T}}x(\lambda) + \left(\lambda^1\right)^{\text{T}}(b - Ax(\lambda)) \right] + (1-\alpha)\left[c^{\text{T}}x(\lambda) + \left(\lambda^2\right)^{\text{T}}(b - Ax(\lambda)) \right] \\
&\geqslant \alpha z_{\text{SLR}}(\lambda^1) + (1-\alpha)z_{\text{SLR}}(\lambda^2)
\end{aligned}
$$

因此, $z_{\text{SLR}}(\lambda)$ 是凹函数.

另外, 对于任意 $\forall \lambda$ 和 λ^1, 有

$$z_{\mathrm{SLR}}(\lambda^1) \leqslant (c - A^{\mathrm{T}}\lambda)^{\mathrm{T}} x(\lambda) + b^{\mathrm{T}}\lambda^1$$
$$= z_{\mathrm{SLR}}(\lambda) + (b - Ax(\lambda))^{\mathrm{T}}(\lambda^1 - \lambda)$$

因此, $b - Ax(\lambda)$ 是 $z_{\mathrm{SLR}}(\lambda)$ 在 λ 点的次梯度. ∎

定理 3.8 半拉格朗日松弛对偶问题 (3.36) 的最优解与原带有等式约束整数规划问题 (3.33)—(3.35) 的最优解相同.

证明 由于 $S' = \{x \in X \cap \mathbb{N}^n | Ax \leqslant b\}$ 是有限个整数点的集合, 记这些点为 $x^k (k = 1, 2, \cdots, K)$, 于是

$$z_{\mathrm{SLR}}(\lambda) = \min_{\substack{x^k \\ 1 \leqslant k \leqslant K}} \left\{ c^{\mathrm{T}} x^k + \lambda^{\mathrm{T}}(b - Ax^k) \right\}$$

因此, 可得

$$\max_{\lambda \geqslant 0} z_{\mathrm{SLR}}(\lambda) = \max_{\lambda \geqslant 0, z \geqslant 0} \left\{ z | z \leqslant c^{\mathrm{T}} x^k - (Ax^k - b)^{\mathrm{T}}\lambda, \ k = 1, \cdots, K \right\}$$

由线性规划对偶理论, 上式的对偶线性规划为

$$z_{\mathrm{SLD}} = \min_{\mu} \left\{ \sum_{k=1}^{K} \mu_k c^{\mathrm{T}} x^k \, \bigg| \, \sum_{k=1}^{K} \mu_k (b - Ax^k) = 0, \ \sum_{k=1}^{K} \mu_k = 1, \ \mu \geqslant 0 \right\} \quad (3.40)$$

记 μ^* 为 (3.40) 的最优解. 不失一般性, 假设 μ^* 中前 p 个元素大于 0, 其余元素为 0. 由于 $b - Ax^k \geqslant 0$, 且

$$\sum_{k=1}^{K} \mu_k^* (b - Ax^k) = \sum_{k=1}^{p} \mu_k^* (b - Ax^k) = 0$$

因而, $Ax^k - b = 0$, $x^k (k = 1, \cdots, p)$ 为原整数规划 (3.33)—(3.35) 的可行解. 进一步假设 $c^{\mathrm{T}} x^1 \leqslant c^{\mathrm{T}} x^2 \leqslant \cdots \leqslant c^{\mathrm{T}} x^p$, 显然, $z_{\mathrm{SLD}} = \sum_{k=1}^{p} \mu_k^* c^{\mathrm{T}} x^k \geqslant c^{\mathrm{T}} x^1$, 且 $c^{\mathrm{T}} x^1 \geqslant z^*$. 此外, 由于 $z_{\mathrm{SLD}} \leqslant z^*$, 因此 $z_{\mathrm{SLD}} = z^*$. ∎

定理 3.9 $z_{\mathrm{SLR}}(\lambda)$ 是单调非递减函数.

证明 取任意 λ 和 λ^1, 且 $\lambda \geqslant \lambda^1$. 记 $x(\lambda)$ 和 $x(\lambda^1)$ 分别为 $z_{\mathrm{SLR}}(\lambda)$ 和 $z_{\mathrm{SLR}}(\lambda^1)$ 的最优解, 有

$$z_{\mathrm{SLR}}(\lambda) = c^{\mathrm{T}} x(\lambda) + (b - Ax(\lambda))^{\mathrm{T}}\lambda$$
$$= c^{\mathrm{T}} x(\lambda) + (b - Ax(\lambda))^{\mathrm{T}}\lambda^1 + (b - Ax(\lambda))^{\mathrm{T}}(\lambda - \lambda^1)$$
$$\geqslant c^{\mathrm{T}} x(\lambda) + (b - Ax(\lambda))^{\mathrm{T}}\lambda^1$$
$$\geqslant c^{\mathrm{T}} x(\lambda^1) + (b - Ax(\lambda^1))^{\mathrm{T}}\lambda^1 = z_{\mathrm{SLR}}(\lambda^1)$$

因此, $z_{\mathrm{SLR}}(\lambda)$ 为单调非递减函数.

上述定理说明了拉格朗日松弛对偶问题 z_{LD} 与半拉格朗日松弛对偶问题 z_{SLD} 的主要区别, 如图 3.1 所示, z_{LR} 和 z_{SLR} 均为凹函数, 但 z_{LD} 的最优解与原整数规划问题的最优解 z^* 通常有一定差别, 而 z_{SLD} 的最优解与 z^* 相同.

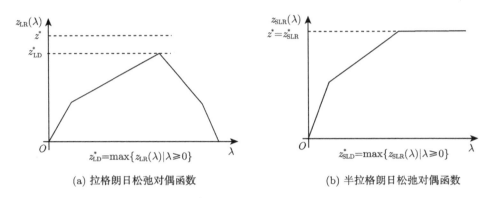

(a) 拉格朗日松弛对偶函数   (b) 半拉格朗日松弛对偶函数

图 3.1 拉格朗日和半拉格朗日对偶函数

推论 3.1 λ^* 和 λ_1^* 分别为 (3.36) 的最优解集和一个最优解, $\{\lambda | \lambda \geqslant \lambda_1^*\} \subseteq \lambda^*$.

由上述定理, 可直接得到推论 3.1. 该结论说明半拉格朗日松弛对偶问题的最优解集是无界的. 令非支配最优解集为 λ^* 的帕雷托边界 (Pareto Frontier), 如图 3.2 所示, 我们给出集合 λ^* 和半拉格朗日乘子 λ 从起点到 λ^* 的一条可能轨道.

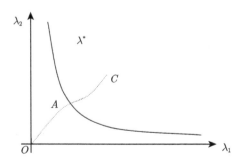

图 3.2 λ^* 和拉格朗日乘子 λ 的可能轨道

由推论 3.1 和 (3.37) 知, 若 $(c - A^{\mathrm{T}}\lambda)_j^{\mathrm{T}} \geqslant 0$, 则 $x_j = 0$. 显然, 图 3.2 中, 在原点 $O(\lambda = 0)$, $x = 0$; 在 λ^* 的内点 C, $(c - A^{\mathrm{T}}\lambda)^{\mathrm{T}} < 0$, 此时 z_{SLR} 的求解复杂度与原问题的求解复杂度相当, z_{SLR} 的求解复杂度沿轨道 OAC 逐渐增长. 如果 z_{SLR} 在 λ^* 的 Pareto 边界或在 λ^* 的 Pareto 边界的附近求解, 则复杂度较低, 那么, 可以通过求解一系列复杂度较低的问题, 逐步逼近并求得原问题的最优解.

定理 3.10 $x(\lambda)$ 是半拉格朗日松弛对偶问题在点 λ 的最优解, 若 $Ax(\lambda) = b$, 则 $\lambda \in \lambda^*$, 且 $x(\lambda)$ 为原问题 (3.33)—(3.35) 的最优解; 而且, 若 $x(\lambda)$ 在任意 $\lambda \in \text{int}(\lambda^*)$ 点满足 $Ax(\lambda) = b$, 则 $x(\lambda)$ 为原问题的最优解.

证明 由 $Ax(\lambda) = b$ 可知 $0 \in \partial z_{\text{SLR}}(\lambda)$. 而 $x(\lambda)$ 为 $\max\{z_{\text{SLR}}(\lambda)|\lambda \geqslant 0\}$ 最优解的充分必要条件是 $0 \in \partial z_{\text{SLR}}(\lambda)$, 则 $\lambda \in \lambda^*$. 此外, 由于 $x(\lambda)$ 不仅为原问题的可行解, 而且是 $z_{\text{SLR}}(\lambda)$ 的最优解, 因此, $x(\lambda)$ 也是原问题的最优解. 由 $\lambda \in \text{int}(\lambda^*)$, 可知存在 $\lambda' \in \text{int}(\lambda^*)$, 且 $\lambda' < \lambda$,

$$\begin{aligned}
z^* &\leqslant c^{\text{T}}x(\lambda) + (b - A^{\text{T}}x(\lambda))^{\text{T}}\lambda' \\
&= c^{\text{T}}x(\lambda) + (b - A^{\text{T}}x(\lambda))^{\text{T}}\lambda + (b - A^{\text{T}}x(\lambda))^{\text{T}}(\lambda' - \lambda) \\
&= z^* + (b - A^{\text{T}}x(\lambda))^{\text{T}}(\lambda' - \lambda)
\end{aligned}$$

因此, $(b - A^{\text{T}}x(\lambda))^{\text{T}}(\lambda' - \lambda) \geqslant 0$, 而 $\lambda' < \lambda$, 且 $b \geqslant A^{\text{T}}x(\lambda)$, 则有 $b = A^{\text{T}}x(\lambda)$, 于是, $x(\lambda)$ 为原问题的最优解. ∎

3.6.2 求解二次分配问题的半拉格朗日松弛法

1. QAP 半拉格朗日松弛及其对偶问题[53,54]

这里, 以 QAP 的线性化模型 (2.50)—(2.57) 为基础, 讨论 QAP 的半拉格朗日松弛法. 首先, 给出 (2.50)—(2.57) 的松弛形式 AJQAP-R:

$$\min_{x,y} \sum_{i=1}^{n-1}\sum_{j=1}^{n}\sum_{k>i}^{n}\sum_{l\neq j}^{n} \tilde{q}_{ijkl}y_{ijkl} + \sum_{i=1}^{n}\sum_{j=1}^{n}\tilde{c}_{ij}x_{ij} \tag{3.41}$$

$$\text{s.t.} \quad \sum_{i=1}^{n}x_{ij} = 1, \quad 1 \leqslant j \leqslant n \tag{3.42}$$

$$\sum_{j=1}^{n}x_{ij} = 1, \quad 1 \leqslant i \leqslant n \tag{3.43}$$

$$\sum_{l\neq j}^{n}y_{ijkl} = x_{ij}, \quad 1 \leqslant j \leqslant n, \quad 1 \leqslant i < k \leqslant n \tag{3.44}$$

$$\sum_{j\neq l}^{n}y_{ijkl} \leqslant x_{kl}, \quad 1 \leqslant l \leqslant n, \quad 1 \leqslant i < k \leqslant n \tag{3.45}$$

$$x_{ij} \in \{0,1\}, \quad y_{ijkl} \in \{0,1\}, \quad 1 \leqslant j \neq l \leqslant n, \quad 1 \leqslant i < k \leqslant n \tag{3.46}$$

定理 3.11 (3.41)—(3.46) 是 QAP 的线性化模型.

证明　令 F_{AJQAP} 和 $F_{\text{AJQAP-R}}$ 分别为 Adams-Johnson 线性化模型和 (3.41)—(3.46) 的可行解集.

首先, 由 (3.41)—(3.46) 为 Adams-Johnson 线性化模型的松弛形式可知: $F_{\text{AJQAP-R}} \subseteq F_{\text{AJQAP}}$.

其次, 对于 $\forall\, (x, y) \in F_{\text{AJQAP-R}}$, 考虑如下 3 种情况:

(1) 若 $x_{ij} x_{kl} = 0 (1 \leqslant j \neq l \leqslant n,\ 1 \leqslant i < k \leqslant n)$, 且 $x_{ij} = 0$, 由 (3.44) 可得 $y_{ijkl} = 0$.

(2) 若 $x_{ij} x_{kl} = 0 (1 \leqslant j \neq l \leqslant n,\ 1 \leqslant i < k \leqslant n)$, 且 $x_{kl} = 0$, 由 (3.45) 可得 $y_{ijkl} = 0$.

(3) 若 $x_{ij} x_{kl} = 1 (1 \leqslant j \neq l \leqslant n,\ 1 \leqslant i < k \leqslant n)$, 则 $x_{ij} = x_{kl} = 1$; 假设 $y_{ijkl} = 0$, 由 (3.44) 知, $\sum\limits_{l=1}^{j-1} y_{ijkl} + \sum\limits_{l=j+1}^{n} y_{ijkl} = x_{ij} = 1$, 于是, 必定存在 $l' \in \{1, \cdots, n\} \backslash \{l, j\}$, 使得 $y_{ijkl'} = 1$, 由 (3.45) 可知, $1 = y_{ijkl'} \leqslant \sum\limits_{j=1}^{l-1} y_{ijkl'} + \sum\limits_{j=l+1}^{n} y_{ijkl'} = x_{kl'} \leqslant 1$, 即 $x_{kl'} = 1 (l' \neq l)$. 显然, 这与 $x_{kl} = 1$ 及 $\sum\limits_{l=1}^{n} x_{kl} = 1$ 矛盾, 因此 $y_{ijkl} = 1$.

由上可知, $\forall\, (x, y) \in F_{\text{AJQAP-R}}$, $y_{ijkl} = x_{ij} x_{kl}$, 则 $(x, y) \in F_{\text{AJQAP}}$.

综上所述, $F_{\text{AJQAP}} = F_{\text{AJQAP-R}}$.　∎

将等式约束 (3.44) 吸收到目标函数 (3.41), 同时将 (3.44) 松弛为不等式约束, 可得 AJQAP-R 的半拉格朗日松弛问题 $z_{\text{SLR-QAP}}(\lambda)$ 为

$$z_{\text{SLR-QAP}}(\lambda) := \min_{x,\, y} \text{SLR-QAP}(\lambda, x, y) \tag{3.47}$$

$$\text{s.t.} \quad \sum_{i=1}^{n} x_{ij} = 1, \quad 1 \leqslant j \leqslant n \tag{3.48}$$

$$\sum_{j=1}^{n} x_{ij} = 1, \quad 1 \leqslant i \leqslant n \tag{3.49}$$

$$\sum_{l \neq j}^{n} y_{ijkl} \leqslant x_{ij}, \quad 1 \leqslant j \leqslant n, \quad 1 \leqslant i < k \leqslant n \tag{3.50}$$

$$\sum_{j \neq l}^{n} y_{ijkl} \leqslant x_{kl}, \quad 1 \leqslant l \leqslant n, \quad 1 \leqslant i < k \leqslant n \tag{3.51}$$

$$x_{ij} \in \{0, 1\}, \quad y_{ijkl} \in \{0, 1\}, \quad 1 \leqslant j \neq l \leqslant n, \quad 1 \leqslant i < k \leqslant n \tag{3.52}$$

其中, SLR-QAP(λ, x, y) 为

$$\text{SLR-QAP}(\lambda, x, y) = \sum_{i=1}^{n-1} \sum_{j=1}^{n} \sum_{k>i}^{n} \sum_{l \neq j}^{n} \tilde{q}_{ijkl} y_{ijkl}$$

$$+ \sum_{i=1}^{n-1} \sum_{j=1}^{n} \sum_{k>i}^{n} \lambda_{ijk} \left[x_{ij} - \sum_{l \neq j}^{n} y_{ijkl} \right] + \sum_{i=1}^{n} \sum_{j=1}^{n} \tilde{c}_{ij} x_{ij}$$

$$= \sum_{i=1}^{n-1} \sum_{j=1}^{n} \sum_{k>i}^{n} \sum_{l \neq j}^{n} (\tilde{q}_{ijkl} - \lambda_{ijk}) y_{ijkl}$$

$$+ \sum_{i=1}^{n-1} \sum_{j=1}^{n} \sum_{k>i}^{n} \lambda_{ijk} x_{ij} + \sum_{i=1}^{n} \sum_{j=1}^{n} \tilde{c}_{ij} x_{ij}$$

$$= \sum_{i=1}^{n-1} \sum_{j=1}^{n} \sum_{k>i}^{n} \sum_{l \neq j}^{n} \bar{q}_{ijkl} y_{ijkl} + \sum_{i=1}^{n} \sum_{j=1}^{n} (\bar{\lambda}_{ij} + \tilde{c}_{ij}) x_{ij}$$

式中, $\bar{q}_{ijkl} := \tilde{q}_{ijkl} - \lambda_{ijk}$, $\bar{\lambda}_{ij} := \sum_{k>i}^{n} \lambda_{ijk}$.

$z_{\text{SLR-QAP}}(\lambda)$ 的对偶问题 $z_{\text{SLD-QAP}}$ 为

$$z_{\text{SLD-QAP}} = \max_{\lambda \geqslant 0} z_{\text{SLR-QAP}}(\lambda) \tag{3.53}$$

在求解 $z_{\text{SLR-QAP}}(\lambda)$ 的过程中, 存在两种情况:

(1) 若 $x_{kl}^* = 0$, 由 (3.51) 可得 $y_{ijkl}^* = 0, 1 \leqslant i < k \leqslant n, 1 \leqslant j \neq l \leqslant n$;

(2) 若 $x_{kl}^* = 1$, 由 (3.47) 及 (3.51) 可知, 对任意 $(i, k, l)(1 \leqslant l \leqslant n, 1 \leqslant i < k \leqslant n)$, 令目标函数值系数最小的变量 $y_{ij'kl}(j' \neq l)$ 取值为 1, 而其余变量 $y_{ij''kl}(j'' \in \{1, \cdots, n\} \setminus \{j', l\})$ 取值为 0 时, 可求得最小化的目标函数值.

不难看出, 经 (1) 和 (2) 两种操作所求的最优解 (x^*, y^*) 满足 $y_{ijkl}^* = x_{ij}^* x_{kl}^*$, $1 \leqslant i < k \leqslant n, 1 \leqslant j \neq l \leqslant n$.

定义 $\bar{Q}_{ikl} = \{\bar{q}_{ijkl} | \bar{q}_{ijkl} < 0, j \in J\}, 1 \leqslant i < k \leqslant l, 1 \leqslant l \leqslant n$, 并据上述 (1) 和 (2), 考虑下述两种情况:

(1) 若 $\bar{Q}_{ikl} = \varnothing$, 令 $y_{ijkl} = 0 (1 \leqslant j \leqslant n)$, $\bar{q}_{ikl}^* = 0 (1 \leqslant i < k \leqslant l, 1 \leqslant l \leqslant n)$;

(2) 若 $\bar{Q}_{ikl} \neq \varnothing$, 计算 $j' = \arg\min_{1 \leqslant j \leqslant n} \{\bar{q}_{ijkl} | \bar{q}_{ijkl} \in \bar{Q}_{ikl}\}$, 并令 $\bar{q}_{ikl}^* = \bar{q}_{ij'kl}^*$, 且

$$y_{ijkl} = \begin{cases} x_{kl}, & j = j' \\ 0, & \text{否则} \end{cases}$$

于是可得 $\sum_{j=1}^{n} \bar{q}_{ijkl} y_{ijkl} = \bar{q}_{ikl}^* x_{kl}$.

由此, 可将 SLR-QAP(λ, x, y) 作如下变换:

$$
\begin{aligned}
\text{SLR-QAP}(\lambda, x, y) &= \sum_{i=1}^{n-1} \sum_{j=1}^{n} \sum_{k>i}^{n} \sum_{l \neq j}^{n} \bar{q}_{ijkl} y_{ijkl} + \sum_{i=1}^{n} \sum_{j=1}^{n} (\bar{\lambda}_{ij} + \tilde{c}_{ij}) x_{ij} \\
&= \sum_{i=1}^{n-1} \sum_{l \neq j}^{n} \sum_{k>i}^{n} \sum_{j=1}^{n} \bar{q}_{ijkl} y_{ijkl} + \sum_{k=1}^{n} \sum_{l=1}^{n} (\bar{\lambda}_{kl} + \tilde{c}_{kl}) x_{kl} \\
&= \sum_{i=1}^{n-1} \sum_{l \neq j}^{n} \sum_{k>i}^{n} \bar{q}_{ikl}^{*} y_{ijkl} + \sum_{k=1}^{n} \sum_{l=1}^{n} (\bar{\lambda}_{kl} + \tilde{c}_{kl}) x_{kl} \\
&= \sum_{i=1}^{n-1} \sum_{l \neq j}^{n} \sum_{k>i}^{n} \bar{q}_{ikl}^{*} x_{kl} + \sum_{k=1}^{n} \sum_{l=1}^{n} (\bar{\lambda}_{kl} + \tilde{c}_{kl}) x_{kl} \\
&= \sum_{k=1}^{n} \sum_{l=1}^{n} x_{kl} \left(\bar{\lambda}_{kl} + \sum_{k>i}^{} \bar{q}_{ikl}^{*} + \tilde{c}_{kl} \right) \\
&= \sum_{k=1}^{n} \sum_{l=1}^{n} x_{kl} \tilde{\lambda}_{kl}
\end{aligned}
$$

其中, $\tilde{\lambda}_{kl} = \bar{\lambda}_{kl} + \sum_{k>i}^{n} \bar{q}_{ikl}^{*} + \tilde{c}_{kl}$.

2. QAP 半拉格朗日松弛核问题

式 (3.47) 中, 当拉格朗日乘子 λ 足够小时, 许多变量 y_{ijkl} 取值为 0, 此时, $z_{\text{SLR-QAP}}(\lambda)$ 的求解规模大大缩小. 我们可通过固定部分变量 y_{ijkl} 的取值而得到规模较小的 $z_{\text{SLR-QAP}}(\lambda)$ 问题, 称为 AJQAP-R 半拉格朗日松弛核问题 (Core Problem).

下面将给出 AJQAP-R 半拉格朗日松弛核问题的结构图.

记 $\bar{q}(\lambda)_{ijkl} = \tilde{q}_{ijkl} - \lambda_{ijk}$ $(1 \leqslant i < k \leqslant n, 1 \leqslant j \neq l \leqslant n)$, $G = (V \times W, E)$ 为根据 AJQAP-R 所得的二分图, 如图 3.3 所示. 其中, V 中的每个顶点表示一个有序工厂对 (i, k), $1 \leqslant i < k \leqslant n$; W 中的每个顶点表示一个无序位置对 (j, l), $1 \leqslant j \neq l \leqslant n$; $\bar{q}(\lambda)_{ijkl}$ 为连接顶点 (i, k) 与 (j, l) 的弧 e_{ijkl} 的权值.

令 $E(\lambda) = \{e_{ijkl} | \bar{q}(\lambda)_{ijkl} < 0\}$, $V(\lambda)$ 和 $W(\lambda)$ 为 $E(\lambda)$ 的邻接矩阵. 可见, $E(\lambda) \subset E$, $V(\lambda) \subset V$, $W(\lambda) \subset W$, 图 $G(\lambda) = (V(\lambda) \times W(\lambda), E(\lambda))$ 为弧的权值为负数的二分图, 我们将其称为核图 (Core Graph).

对任意 $\bar{q}(\lambda)_{ijkl} \geqslant 0$, 与其相应的变量 $y(\lambda)_{ijkl}$ 的取值被固定为 0. 因此, 求解 $z_{\text{SLR-QAP}}(\lambda)$ 与求解 $z_{\text{SLR-QAP}}(\lambda)$ 的核问题等价. 由于 $G(\lambda)$ 中的弧 (变量 y_{ijkl}) 越

少, $z_{\text{SLR-QAP}}(\lambda)$ 的核问题求解规模也越小, 求解也越容易.

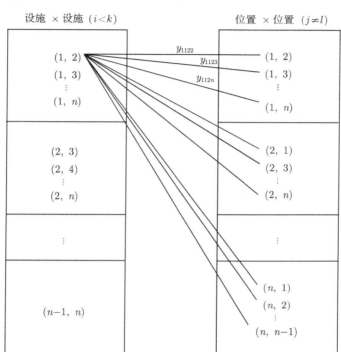

图 3.3　AJQAP-R 的二分图

为控制 $G(\lambda)$ 中弧的数量, 对任意 $(i,j,k)(1 \leqslant i < k \leqslant n, 1 \leqslant j \neq l \leqslant n)$, 按从小到大的顺序排列目标函数系数 $\{\tilde{q}_{ijkl}|1 \leqslant l \leqslant n\}$, 排序后的目标函数系数为

$$\tilde{q}_{ijk}^1 \leqslant \tilde{q}_{ijk}^2 \leqslant \cdots \leqslant \tilde{q}_{ijk}^n$$

于是, 对于给定的 λ 和顶点 $(i,k) \in V(\lambda)$, 假定 $\lambda_{ijk} = \tilde{q}_{ijk}^{r(ijk)}$, 顶点 (i,k) 的邻接弧数量最多为 $\sum\limits_{j=1}^{n}(r(ijk)-1)$ 条.

3. 求解 QAP 半拉格朗日松弛对偶问题的算法[53,54]

以拉格朗日松弛法 —— 次梯度优化方法为基础, 这里给出一种求解 QAP 半拉格朗日松弛对偶问题的对偶上升新方法, 其基本思想是: 按 $z_{\text{SLR-QAP}}(\lambda)$ 的上升方向渐渐逼近 $z_{\text{SLD-QAP}}$, 求得原问题的最优解 z^*.

算法基本步骤为: 对给定的初始 λ^0, 计算 $z_{\text{SLR-QAP}}(\lambda^0)$; 由 $S_{ijk}^0 = x_{ij}^0 - \sum\limits_{l=1}^{n} y_{ijkl}^0$ 计

算 λ^0 的次梯度, 若次梯度满足 $S^0 = 0$, 则已达最优解, 否则更新 λ, 寻求 $z_{\text{SLR-QAP}}(\lambda)$ 上升的方向.

为使核问题中核弧尽可能少, 每次循环中, 每个顶点 (i, k) 至多增加一条或少数几条弧, 而且仅仅更新次梯度不为 0 的拉格朗日乘子 $\lambda_{ijk}(1 \leqslant i < k \leqslant n, 1 \leqslant j \neq l \leqslant n)$. 该过程可总结为如下算法.

以每次循环仅增加一条弧为例, 求解 QAP 半拉格朗日松弛问题的对偶上升方法计算步骤:

第 1 步　设置循环次数 $s = 0$, 初始化拉格朗日乘子 $\lambda_{ijk}^0 = \tilde{q}_{ijk}^{r(ijk)}$, $r(ijk) \in \{1, \cdots, n\}$, $1 \leqslant j \leqslant n$, $1 \leqslant i < k \leqslant n$.

第 2 步　计算 $z_{\text{SLR-QAP}}(\lambda)$, (x^s, y^s) 及次梯度 S^s

$$S_{ijk}^s = x_{ij}^s - \sum_{l \neq j}^{n} y_{ijkl}^s, \quad 1 \leqslant i < k \leqslant n, \quad 1 \leqslant j \neq l \leqslant n$$

若 $S^s = 0$(注: $S_{ijk}^s \in \{0, 1\}$), 则已求得最优解, 停止计算, (λ^s, x^s, y^s) 为原始-对偶最优解; 否则, 转第 3 步.

第 3 步　更新循环次数和拉格朗日乘子. 对每一对 (i, j, k), 若 $S_{ijk}^s = 1$, 则更新 $r(ijk) \leftarrow r(ijk) + 1$ 及 $\lambda_{ijk}^{s+1} = \tilde{q}_{ijk}^{r(ijk)}$; 否则, $\lambda_{ijk}^{s+1} = \lambda_{ijk}^s$. 然后, 重复第 2 步.

3.6.3　求解无容量设施选址问题的半拉格朗日松弛法

1. UFL 问题的半拉格朗日松弛[52-55]

将 UFL 问题中的等式约束 (2.25) 吸收到目标函数 (2.24), 同时将 (2.25) 松弛为 "$\leqslant$" 的不等式约束, 可得 UFL 的半拉格朗日对偶问题为

$$\text{SLD} := \max_{u \in \mathbb{R}^n} q(u) \tag{3.54}$$

其中, u 为半拉格朗日乘子向量, $q(u)$ 为半拉格朗日松弛问题:

$$q(u) = \min_{x, y} \mathfrak{L}(u, x, y) \tag{3.55}$$

$$\text{s.t.} \sum_{i=1}^{m} x_{ij} \leqslant 1, \quad j \in J \tag{3.56}$$

$$x_{ij} \leqslant y_i, \quad i \in I, \quad j \in J \tag{3.57}$$

$$x_{ij} \in \{0, 1\}, \quad \forall i \in I, \quad \forall j \in J \tag{3.58}$$

$$y_i \in \{0, 1\}, \quad \forall i \in I \tag{3.59}$$

$\mathfrak{L}(u,x,y)$ 为半拉格朗日函数:

$$\mathfrak{L}(u,x,y) = \sum_{i=1}^{m}\sum_{j=1}^{n} c_{ij}x_{ij} + \sum_{i=1}^{m} f_i y_i + \sum_{j=1}^{n} u_j \left(1 - \sum_{i=1}^{m} x_{ij}\right)$$

$$= \sum_{i=1}^{m}\sum_{j=1}^{n} (c_{ij} - u_j)x_{ij} + \sum_{i=1}^{m} f_i y_i + \sum_{j=1}^{n} u_j$$

为了更好地论述 UFL 问题和半拉格朗日松弛法的数学特性, 约定下述符号:

X^*: UFL 问题 (2.24)—(2.28) 的最优解集;

U^*: UFL 半拉格朗日对偶问题 (3.54) 的最优解集;

$X(u)$: 给定半拉格朗日乘子向量 u, 半拉格朗日松弛问题 $q(u)$ 的最优解集;

$c_j^1 \leqslant c_j^2 \leqslant \cdots \leqslant c_j^m$: 给定 $\forall j \in J$, 向量 $(c_{1j}, c_{2j}, \cdots, c_{mj})$ 中元素的升序排列;

$\tilde{c}_j$: $\tilde{c}_j := \min_i \{c_{ij} + f_i\}$;

$\tilde{c}$: $\tilde{c} := (\tilde{c}_1, \tilde{c}_2, \cdots, \tilde{c}_n)$;

c^1: $c^1 := (c_1^1, c_2^1, \cdots, c_n^1)$;

$[\alpha]^-$: $\alpha \in \mathbb{R}$ 且 $[\alpha]^- := \min\{\alpha, 0\}$;

$[\alpha]^+$: $\alpha \in \mathbb{R}$ 且 $[\alpha]^+ := \max\{\alpha, 0\}$;

$\mathrm{int}(S)$: S 所有内点组成的集合;

$F(X)$: UFL 问题 (2.24)—(2.28) 的可行解集.

定义 3.1 若 $u^* \in U^*$, $(x^*, y^*) \in X(u^*) \bigcap X^*$, 则称 (x^*, y^*, u^*) 为一原始-对偶最优点.

由前述几个定理结论, 可得如下推论.

推论 3.2 (1) 半拉格朗日松弛问题 $q(u)$ 单调非递减, 若 $u' \geqslant u$, 则 $q(u') \geqslant q(u)$; 若 $u' > u$ 且 $u' \notin U^*$, 则 $q(u') > q(u)$;

(2) $\sum_{j \in J} \left(1 - \sum_{i=1}^{m} x_{ij}\right)$ 是 $q(u)$ 在点 u 的次梯度;

(3) SLD 的最优目标值与 UFL 问题 (2.24)—(2.28) 的最优目标值相等;

(4) (x,y) 是 $q(u)$ 的最优解, 且 $\sum_{j \in J} \left(1 - \sum_{i=1}^{m} x_{ij}\right) = 0$, 则 $u \in U^*$, (x,y) 为原 UFL 问题的最优解;

(5) 若 $u \in \mathrm{int}(U^*)$, (x,y) 是 $q(u)$ 的最优解, 则 $\sum_{j \in J} \left(1 - \sum_{i=1}^{m} x_{ij}\right) = 0$;

(6) u^* 为 SLD 的最优解, 则 $\{u | u \geqslant u^*\} \subseteq U^*$.

定理 3.12 (1) 若 $u \geqslant \tilde{c}$, 则 $u \in U^*$; (2) 若 $u > \tilde{c}$, 则 $u \in \mathrm{int}(U^*)$; (3) 若 $u \in \mathrm{int}(U^*)$, 则 $u \geqslant c^1$.

证明　(1) 由半拉格朗日松弛问题 $q(u)$ 的表达式 (3.55)—(3.59) 可知: ①若 $u \geqslant \tilde{c}$, $q(u)$ 的最优解中对 $\forall j \in J$, 均有 $\sum_{i=1}^{n} x_{ij} = 1$, 则由推论 3.2 可得 $q(u)$ 的最优解即为原问题的最优解; ②若 $u \geqslant \tilde{c}$, $q(u)$ 的最优解中 $\exists j \in J$, 使得 $\sum_{i=1}^{n} x_{ij} = 0$. 记 i_k 为 $\tilde{c}_j = f_{i_k} + c_{i_k j}$, 由 $\tilde{c}_j - u_j \leqslant 0$, 可得 $f_{i_k} + (c_{i_k j} - u_j) \leqslant 0$, 若令 $x_{i_k j} = 1$, $y_{i_k} = 1$ 并不会增加目标函数值, 该解亦为 (3.55)—(3.59) 的最优解. 因此, $\forall j \in J$, $\sum_{i=1}^{n} x_{ij} = 1$ 为半拉格朗日松弛问题 $q(u)$ 的最优解, 且 $u \in U^*$.

(2) 由 $u > \tilde{c}$ 及推论 3.2 可知 $u \in \text{int}(U^*)$.

(3) 假设 $u \in \text{int}(U^*)$, 且 $\exists j_0 \in J$, $u_{j_0} < c_{j_0}^1$. 由 $u_{j_0} < c_{j_0}^1$ 可得 $\forall k \in I$, $c_{j_0}^k - u_{j_0} > 0$, 则 $q(u)$ 的任意最优解中对于 $\forall i \in I$, $x_{ij_0}(u) = 0$. 因此, $1 - \sum_{i \in I} x_{ij_0}(u) = 1$, 并由推论 3.2 可知 $u \notin \text{int}(U^*)$. ∎

2. 求解 SLD 的对偶上升算法[52]

推论 3.2 说明: 对给定的 u, 计算 $q(u)$ 及 u 的一个次梯度, 若次梯度满足推论 3.2 之 (4), 则已达最优解; 否则更新 u, 继续寻求 $q(u)$ 的上升方向. 计算步骤可总结为如下算法:

第 1 步　初始化.

设置循环次数 $k = 0$, $\varepsilon > 0$.

for $j \in J = \{1, 2, \cdots, n\}$

　　$c_j^1 \leqslant c_j^2 \leqslant \cdots \leqslant c_j^m$,

　　任取 $1 \in I = \{1, \cdots, m\}$, 　令 $u_j^0 = c_j^1 + \varepsilon$,

　　$\tilde{c}_j = \min_{i \in I} \{c_{ij} + f_i\}$,

　　$c_j^{m+1} = +\infty$

end

第 2 步　求解 $q(u^k)$.

计算 (x^k, y^k) 及次梯度 s^k: $s_j^k = 1 - \sum_{i=1}^{m} x_{ij}^k$, $j \in J$.

第 3 步　停止准则.

若 $\sum_{j \in J} s_j^k = 0$, 停止循环迭代, (x^k, y^k, u^k) 即为原始–对偶最优解; 否则, 转

第 4 步.

第 4 步 更新乘子向量.

若 $s_j^k = 1(j \in J)$, 更新相应的半拉格朗日乘子为

$$u_j^{k+1} = \min\left\{c_j^l,\ \tilde{c}_j\right\} + \varepsilon, \quad l = \min\{l+1,\ n\}$$

第 5 步 更新循环次数 $k = k+1$, 并转第 2 步.

定理 3.13 若 $U^* \neq \varnothing$, 则上述算法将在有限步迭代后收敛到一个原始–对偶最优点.

证明 假设 $\{s^k\}$ 为算法所产生的次梯度序列. 考虑下述两种情况:

(1) $\exists k_0$ 使得 $s^{k_0} = 0$, 则 $0 \in \partial q(u^{k_0})$ 且 $u^{k_0} \in U^*$.

(2) 至少存在一个次梯度分量序列 $\left\{s_j^{k_i}\right\} \subset \{s_j^k\}$ $(j \in J)$ 且 $s_j^{k_i} \neq 0(i = 0, 1, 2, \cdots)$. 下面通过证明 $\mathfrak{L}(u^{k_i}, x, y)$ 无界及 $U^* = \varnothing$ 与假设 $U^* \neq \varnothing$ 相矛盾, 说明该情况并不会发生.

由前述算法步骤可知, $u_j^{k_i} \geqslant u_j^{k_0} + i\varepsilon$, 并记 $J^{k_i} = \{j|s_j^{k_i} > 0\}$. 进而, 由 $s_j = 1 - \sum\limits_{i=1}^{n} x_{ij}$ 及 (3.56), (3.58) 和 (3.59) 可知 $\forall j \in J^{k_i}$, $s_j^{k_i} = 1$, 以及半拉格朗日函数 $\mathfrak{L}(u^{k_i}, x, y)$ 满足

$$
\begin{aligned}
\mathfrak{L}(u^{k_i}, x, y) &= \sum_{i=1}^{m}\sum_{j=1}^{n} c_{ij} x_{ij} + \sum_{i=1}^{m} f_i y_i + \sum_{j=1}^{n} u_j^{k_i}\left(1 - \sum_{i=1}^{m} x_{ij}\right) \\
&= \sum_{i=1}^{m}\sum_{j=1}^{n} c_{ij} x_{ij} + \sum_{i=1}^{m} f_i y_i + \left(s^{k_i}\right)^{\mathrm{T}} u^{k_i} \\
&\geqslant \left(s^{k_i}\right)^{\mathrm{T}} u^{k_i} \\
&= \sum_{j \in J^{k_i}} s^{k_i} u_j^{k_i} \\
&= \sum_{j \in J^{k_i}} u_j^{k_i} \\
&\geqslant u_j^{k_i} \quad (j \in J^{k_i}) \\
&\geqslant u_j^{k_0} + i\varepsilon
\end{aligned}
$$

因此, $\lim\limits_{i \to \infty} \mathfrak{L}(u^{k_i}, x, y) = +\infty$. 这与 $U^* \neq \varnothing$ 相矛盾.

3. UFL 问题的半拉格朗日松弛法进一步讨论[55]

定理 3.14 $u \in \Re^n$, $X(u) = (x, y)$ 为 $q(u)$ 的最优解. 若 $[c_{ij} - u_j]^+ > 0$, 则 $x_{ij} = 0$.

证明　对 $\forall i_0 \in I$, $\forall j_0 \in J$, 若 $[c_{i_0 j_0} - u_{j_0}]^+ > 0$. 考虑下述两种情况:

(1) 若 $y_{i_0} = 0$, 则由 (x, y) 为 $q(u)$ 的最优解可知: $x_{i_0 j_0} = 0$;

(2) 若 $y_{i_0} = 1$, 假设 $x_{i_0 j_0} = 1$, 则可定义 $(\tilde{x}, \tilde{y})$ 为

$$\begin{cases} \tilde{x}_{ij} = x_{ij}, & i \neq i_0 \text{ 或 } j \neq j_0 \\ \tilde{x}_{i_0 j_0} = 0; & \tilde{y}_i = y_i, \, i \in I \end{cases}$$

易知, $(\tilde{x}, \tilde{y})$ 为 $q(u)$ 的可行解. 并由 $[c_{ij} - u_j]^+ > 0$ 可得 $\mathfrak{L}(u, \tilde{x}, \tilde{y}) < \mathfrak{L}(u, x, y)$. 这与 (x, y) 为 $q(u)$ 的最优解相矛盾.

综上所述, 若 (x, y) 为 $q(u)$ 的最优解, $[c_{ij} - u_j]^+ > 0$, 则 $x_{ij} = 0$. ∎

定理 3.15　$u \in \Re^n$, $X(u) = (x, y)$ 为 $q(u)$ 的最优解. 记 $I_1 := \{i \in I | y_i = 1\}$, 有

(a) $\sum\limits_{j \in J} [c_{ij} - u_j]^- \leqslant \sum\limits_{j \in J} (c_{ij} - u_j) x_{ij}$, $i \in I$;

(b) $\sum\limits_{i \in I_1} [c_{ij} - u_j]^- \leqslant \sum\limits_{i \in I_1} (c_{ij} - u_j) x_{ij}$, $j \in J$.

证明　给定 $\forall i \in I$, $\forall j \in J$. 由 $[\alpha]^-$ 定义可知, $[c_{ij} - u_j]^- \leqslant c_{ij} - u_j$ 且 $[c_{ij} - u_j]^- \leqslant 0$. 又由 $x_{ij} \in \{0, 1\}$ 可知: ①若 $x_{ij} = 1$, 则 $[c_{ij} - u_j]^- \leqslant c_{ij} - u_j = (c_{ij} - u_j) x_{ij}$; ②若 $x_{ij} = 0$, 则 $[c_{ij} - u_j]^- \leqslant 0 = (c_{ij} - u_j) x_{ij}$. 进而可推知 (a) 和 (b) 成立. ∎

定理 3.16　若 (x^*, y^*, u^*) 是给定 UFL 问题的原始–对偶最优解. 记 $I_1 := \{i \in I | y_i^* = 1\}$, 则

(a) $\sum\limits_{j \in J} [c_{ij} - u_j^*]^- + f_i < 0$, $\quad i \in I_1$;

(b) $\sum\limits_{i \in I_1} [c_{ij} - u_j^*]^- < 0$, $\quad j \in J$.

证明　由定义知, 若 (x^*, y^*, u^*) 为一原始–对偶最优解, 则 $(x^*, y^*) \in X^* \cap X(u^*)$, $u^* \in U^*$. 首先证明 (a) 成立. 假设存在 $i_0 \in I_1$, $\sum\limits_{j \in J} [c_{i_0 j} - u_j^*]^- + f_{i_0} \geqslant 0$, 则对于给定的 u^*, 定义 $(\tilde{x}, \tilde{y})$ 为

$$\begin{cases} \tilde{x}_{ij} = x_{ij}^*, & i \neq i_0, j \in J, \\ \tilde{x}_{i_0 j} = 0, & i = i_0, j \in J; \end{cases} \qquad \begin{cases} \tilde{y}_i = y_i, & i \neq i_0 \\ \tilde{y}_i = 0, & i = i_0 \end{cases}$$

进而, 可知下述两种情况存在:

(1) 若 $\sum_{j\in J}[c_{i_0j}-u_j^*]^- + f_{i_0} > 0$, 由 $(\tilde{x},\tilde{y})$ 及定理 3.16.(a) 可得

$$\sum_{j\in J}(c_{i_0j}-u_j^*)\tilde{x}_{i_0j} + f_{i_0}\tilde{y}_{i_0} = 0 < \sum_{j\in J}[c_{i_0j}-u_j^*]^- + f_{i_0}$$
$$\leqslant \sum_{j\in J}(c_{i_0j}-u_j^*)x_{i_0j}^* + f_{i_0}y_{i_0}^* \qquad (3.60)$$

由此可得 $\mathfrak{L}(u^*,\tilde{x},\tilde{y}) < \mathfrak{L}(u^*,x^*,y^*)$, 这与 (x^*,y^*) 为 $q(u^*)$ 的最优解矛盾.

(2) 若 $\sum_{j\in J}[c_{i_0j}-u_j^*]^- + f_{i_0} = 0$, 由 $(\tilde{x},\tilde{y})$ 及定理 3.16(a) 可得

$$\sum_{j\in J}(c_{i_0j}-u_j^*)\tilde{x}_{i_0j} + f_{i_0}\tilde{y}_{i_0} = 0$$
$$= \sum_{j\in J}[c_{i_0j}-u_j^*]^- + f_{i_0}$$
$$\leqslant \sum_{j\in J}(c_{i_0j}-u_j^*)x_{i_0j}^* + f_{i_0}y_{i_0}^*$$
$$= \sum_{j\in J}(c_{i_0j}-u_j^*)x_{i_0j}^* + f_{i_0} \qquad (3.61)$$

若 (3.61) 中的不等式严格成立, 与情况 (1) 相似, $\mathfrak{L}(u^*,\tilde{x},\tilde{y}) < \mathfrak{L}(u^*,x^*,y^*)$, 这与 (x^*,y^*) 为 $q(u^*)$ 的最优解矛盾; 若 (3.61) 中的等式严格成立, 由 $\mathfrak{L}(u^*,\tilde{x},\tilde{y}) = \mathfrak{L}(u^*,x^*,y^*)$ 可得 $(\tilde{x},\tilde{y})$ 亦为 $q(u^*)$ 的最优解, 即 $(\tilde{x},\tilde{y}) \in X(u^*)$. 然而, 由 $\sum_{i\in I}\tilde{x}_{ij_0} = 0$ 知 $\sum_{j\in J}\left(1-\sum_{i=1}^m\tilde{x}_{ij}\right) = 1$. 进而由推论 3.2 知 $u^* \notin U^*$. 这与 $u^* \in U^*$ 相矛盾.

以下为 $\sum_{i\in I}\tilde{x}_{ij_0} = 0$ 的推导过程.

由等式严格成立的 (3.61) 及 $f_{i_0} > 0$ 知, 向量 $(x_{i_01}^*,x_{i_02}^*,\cdots,x_{i_0n}^*)$ 中至少存在一个分量取值为 "1", 假设为 $x_{i_0j_0}^* = 1$, 则由 $\sum_{i\in I}x_{ij_0}^* = 1$ 知, $\sum_{i\neq i_0}x_{ij_0}^* = 0$. 进而, 由 $(\tilde{x}(u^*),\tilde{y}(u^*))$ 的定义可得

$$\sum_{i\in I}\tilde{x}_{ij_0} = \tilde{x}_{i_0j_0} + \sum_{i\neq i_0}\tilde{x}_{ij_0} = \tilde{x}_{i_0j_0} + \sum_{i\neq i_0}x_{ij_0}^* = 0$$

其次证明 (b) 成立.

假设存在 $j_0 \in J$, $\sum\limits_{i \in I_1} [c_{ij_0} - u_{j_0}^*]^- = 0$, 则对给定的 u^*, 可定义 $(\tilde{x}, \tilde{y})$ 为

$$
\begin{cases}
\tilde{x}_{ij} = x_{ij}^*, & j \neq j_0, \\
\tilde{x}_{ij_0} = 0, & j = j_0,
\end{cases}
\qquad \tilde{y}_i = y_i, \quad i \in I
$$

进而, 由定理 3.15(b) 可推知

$$
\sum_{i \in I} (c_{ij_0} - u_{j_0}^*) \tilde{x}_{ij_0} = \sum_{i \in I_1} (c_{ij_0} - u_{j_0}^*) \tilde{x}_{ij_0} = 0
$$

$$
= \sum_{i \in I_1} [c_{ij_0} - u_{j_0}^*]^- \leqslant \sum_{i \in I_1} (c_{ij_0} - u_{j_0}^*) x_{ij_0}^* \leqslant \sum_{i \in I} (c_{ij_0} - u_{j_0}^*) x_{ij_0}^*
$$

则 $\mathcal{L}(u^*, \tilde{x}, \tilde{y}) \leqslant \mathcal{L}(u^*, x^*, y^*)$. 然而, 由 $\sum\limits_{i \in I} \tilde{x}_{ij_0} = 0$ 知 $\sum\limits_{j \in J} \left(1 - \sum\limits_{i=1}^m \tilde{x}_{ij}\right) \neq 0$. 进而, 由推论 3.2(4) 知 $u^* \notin U^*$. 这与 $u^* \in U^*$ 相矛盾.   ■

定理 3.17   给定 $u^* \in \mathbb{R}^n$, $X(u^*) = (x^*, y^*)$ 为 $q(u^*)$ 的最优解. 记 $I_1 := \{i \in I | y_i^* = 1\}$. 若 $\sum\limits_{i \in I_1} [c_{ij} - u_j^*]^- < 0 (\forall j \in J)$, 则 (x^*, y^*, u^*) 为给定 UFL 问题的原始–对偶最优解.

证明   假设存在 $j_0 \in J$, $\sum\limits_{i \in I} x_{ij_0}^* = 0$. 令 $c_{i_0 j_0} - u_{j_0}^* = \min\limits_{i \in I_1} \{c_{ij_0} - u_{j_0}^*\}$, 由 $\sum\limits_{i \in I_1} [c_{ij} - u_j^*]^- < 0$ 可知 $c_{i_0 j_0} - u_{j_0}^* < 0$. 定义 $(\tilde{x}, \tilde{y})$ 为

$$
\begin{cases}
\tilde{x}_{ij} = x_{ij}, & i \neq i_0 \text{ 或 } j \neq j_0 \\
\tilde{x}_{i_0 j_0} = 1; & \tilde{y}_i = y_i, \quad i \in I
\end{cases}
$$

易知 $(\tilde{x}, \tilde{y})$ 为 $q(u^*)$ 的可行解, 且 $\mathcal{L}(u^*, \tilde{x}, \tilde{y}) < \mathcal{L}(u^*, x^*, y^*)$. 这与 (x^*, y^*) 为 $q(u^*)$ 的最优解相矛盾. 因此, $\sum\limits_{i=1}^m x_{ij}^* = 1 (j \in J)$, $\sum\limits_{j \in J} \left(1 - \sum\limits_{i=1}^m x_{ij}^*\right) = 0$. 由推论 3.2(4) 知, (x^*, y^*, u^*) 为给定 UFL 问题的原始–对偶最优解.

4. UFL 问题的半拉格朗日松弛法改进

推论 3.3   对给定的半拉格朗日乘子向量 u, 若 $q(u)$ 中存在目标函数系数大于等于 "0" ($(c_{ij} - u_j) \geqslant 0$) 的变量 x_{ij}, 则可将变量 x_{ij} 的取值先行固定为 "0", 并不改变 $q(u)$ 的最优目标函数值.

证明   给定半拉格朗日乘子向量 $u \in \Re^n$, $\forall i \in I$, $\forall j \in J$, $(c_{ij} - u_j) \geqslant 0$, 存在两种情况: ①若 $(c_{ij} - u_j) > 0$, 则由定理 3.14 知, $q(u)$ 的最优解 (x, y) 中变量

$x_{ij} = 0$. 因此, 将变量 x_{ij} 的取值先行固定为 "0", 并不改变原问题 $q(u)$ 的最优目标函数值. ②若 $c_{ij} - u_j = 0$, 假设存在 $q(u)$ 的最优解 (x, y), 且 $x_{ij} = 1$. 记 $(\tilde{x}, \tilde{y})$ 为 $q(u)$ 的可行解, 则该可行解中 $\tilde{x}_{ij} = 0$, 其余变量取值与最优解 (x, y) 中变量取值相同. 由 $c_{ij} - u_j = 0$ 得 $\mathfrak{L}(u, x, y) = \mathfrak{L}(u, \tilde{x}, \tilde{y})$, 因此, $(\tilde{x}, \tilde{y})$ 也为 $q(u)$ 的最优解. 故将变量 x_{ij} 的取值先行固定为 "0", 并不改变原问题 $q(u)$ 的最优目标函数值. ∎

由推论 3.3 知, 给定半拉格朗日乘子向量 $u \in \Re^n$, $q(u)$ 中目标函数系数大于等于 "0" 的变量可先行固定为 "0", 从而可缩小解的搜索空间, 减小 $q(u)$ 求解难度.

推论 3.2(6) 说明了对偶问题 (3.54) 的最优解集是无界的. 由图 3.2 知, 在原点 O $(u = 0)$, $x = 0$, $q(u)$ 的求解复杂度沿轨道 OAC 逐渐增长; 在 U^* 的内点 C, $(c_{ij} - u_j) < 0 (i \in I, j \in J)$, 此时 $q(u)$ 的求解复杂度与原问题的求解复杂度相当 (约束数和变量数相同). 如果 $q(u)$ 在 U^* 的 Pareto 边界附近求解复杂度较低, 则可通过求解一系列复杂度较低的问题, 逐步逼近并求得原问题的最优解.

利用半拉格朗日松弛法求解 UFL 问题时, 如果 u 取值太小, 则逐步逼近最优解的循环次数及计算总时间均会增加. 为减少半拉格朗日松弛法求解 UFL 问题时的循环迭代次数, 提高算法求解效率, 可按定理 3.16 和定理 3.17 分两步改进求解 UFL 问题的半拉格朗日松弛法: ①求解使定理 3.16(a) 成立的 u 及 $q(u)$; ②若 u 及 $q(u)$ 的最优解不能使定理 3.17 成立, 则改进 u, 记改进后的 u 为 u', 并使 u' 及 $q(u')$ 的最优解满足定理 3.16(b).

第 1 步 求解使定理 3.16(a) 成立的 u.

求使定理 3.16(a) 成立, 取值较小, 且尽可能接近 U^* 的 Pareto 边界的半拉格朗日乘子向量 u, 可转化为求解下述问题 $p(u)$:

$$p(u) := \min_u \sum_{j \in J} u_j \tag{3.62}$$

$$\text{s.t.} \quad \sum_{j \in J} [c_{ij} - u_j]^- + f_i < 0, \quad i \in I \tag{3.63}$$

$$u \geqslant 0 \tag{3.64}$$

通常情况下, $p(u)$ 的可行域为非凸集. 因此, $p(u)$ 不属于凸规划问题. 为求解简便, 可通过较易求解的问题 $p(\lambda)$ 来获得 u.

$$p(\lambda) := \min_{\lambda \in \Re} \sum_{j \in J} u_j(\lambda) \tag{3.65}$$

$$\text{s.t.} \quad \sum_{j \in J} [c_{ij} - u_j(\lambda)]^- + f_i < 0, \quad i \in I \tag{3.66}$$

$$u(\lambda) = \lambda u^0 + (1 - \lambda)\tilde{c} \tag{3.67}$$

$$0 \leqslant \lambda \leqslant 1 \tag{3.68}$$

其中, u^0 为初始半拉格朗日乘子向量 (可根据经验自行给定).

在已知初始半拉格朗日乘子向量 u^0、最优半拉格朗日乘子向量 $\tilde{c}$ 的情况下, 通过求解 $p(\lambda)$ 可获得确保定理 3.16(a) 成立、取值较小且比较接近于 U^* 的 Pareto 边界的半拉格朗日乘子向量 u.

第 2 步　改进 u, 使定理 3.16(b) 成立.

假设算法第 k 次循环求解 $q(u^k)$ 的最优解为 (x^k, y^k), 若次梯度 $\sum\limits_{j \in J} \left(1 - \sum\limits_{i=1}^{m} x_{ij}^k\right) \neq$ 0, 则 $u^k \notin \mathrm{int}(U^*)$, (x^k, y^k, u^k) 不满足定理 3.16(b). 改进 u^k, 求满足定理 3.16(b) 的 u^{k+1} 的过程如下:

首先, 求解问题 $(p(u))^{k+1}$:

$$(p(u))^{k+1} := \min_{u} \ \sum_{j \in J} u_j \tag{3.69}$$

$$\mathrm{s.t.} \quad \sum_{i \in I_1^k} [c_{ij} - u_j]^- \leqslant 0, \quad j \in J \tag{3.70}$$

$$u \geqslant u^k \tag{3.71}$$

其中, $I_1^k := \{i \in I | \ y_i^k = 1\}$.

其次, 利用 $(p(u))^{k+1}$ 的最优解 u 更新 u^{k+1} 为 $u^{k+1} = u + \varepsilon (\varepsilon > 0)$[①].

定理 3.18　问题 $(p(u))^{k+1}$ 的解为

$$u_j = \max \left\{ \min_{i \in I_1^k} \{c_{ij}\}, \ u_j^k \right\}, \quad j \in J$$

其中, $I_1^k := \{i \in I | y_i^k = 1\}$.

证明　算法第 k 次循环求解 $q(u^k)$ 的最优解为 $X(u^k) = (x^k, y^k)$, 次梯度 $s_{j_0}^k = 1 - \sum\limits_{i=1}^{m} x_{ij_0}^k (\forall j_0 \in J)$ 存在下述两种情况:

(1) 若 $s_{j_0}^k = 0 (\forall j_0 \in J)$, 由推论 3.2 知, $\exists i_0 \in I$, $x_{i_0 j_0}^k = 1$ 且 $c_{i_0 j_0} \leqslant u_{j_0}^k$. 因此, 对 $i_0 \in I_1^k$, 存在 $\min\limits_{i \in I_1^k} \{c_{i j_0}\} \leqslant c_{i_0 j_0} \leqslant u_{j_0}^k$, 则 $\max \left\{ \min\limits_{i \in I_1^k} \{c_{i j_0}\}, \ u_{j_0}^k \right\} = u_{j_0}^k$. 此外, 由 $p(u)^{k+1}$ 的数学表达式, 显然有 $u_{j_0} = u_{j_0}^k$.

---

① 由定理 3.18 可知: 若 $(p(u))^{k+1}$ 的最优解 u 中存在 $\forall j \in J$, $u_j = \min\limits_{i \in I_1^k} \{c_{ij}\}$, 则 $\sum\limits_{i \in I_1} [c_{ij} - u_j]^- = 0$. 因此, $(p(u))^{k+1}$ 的最优解 u 可能不满足定理 3.16(b), 需将其加上一个很小的正数 ε, 以使其满足定理 3.16(b).

(2) 若 $s_{j_0}^k = 1 (\forall j_0 \in J)$, 则由推论 3.2 可知, $x_{ij_0}^k = 0 (i \in I)$, 且 $c_{ij_0} \geqslant u_{j_0}^k (i \in I_1^k)$. 由此可得 $\min\limits_{i \in I_1^k} \{c_{ij_0}\} \geqslant u_{j_0}^k$, 则 $\max\left\{\min\limits_{i \in I_1^k} \{c_{ij_0}\},\ u_{j_0}^k\right\} = \min\limits_{i \in I_1^k} \{c_{ij_0}\}$. 由 $(p(u))^{k+1}$ 可知, $u_{j_0} = \min\limits_{i \in I_1^k} \{c_{ij_0}\}$ 显然成立. ∎

通过求解 $p(\lambda)$, 可得 $u(\lambda^*)$, 利用 $u(\lambda^*)$ 初始化算法第 1 步中的半拉格朗日乘子向量, 再利用 $u_j^{k+1} = \max\left\{\min\limits_{i \in I_1^k}\{c_{ij}\},\ u_j^k\right\} + \varepsilon$ 更新算法第 4 步中的半拉格朗日乘子, 即可得到改进的半拉格朗日松弛法.

定理 3.19 (1) 改进后的半拉格朗日松弛法为一对偶上升算法;

(2) 若 $U^* \neq \varnothing$, 则改进的半拉格朗日松弛法将在有限步迭代后收敛到一个原始-对偶最优点.

证明 (1) 由半拉格朗日乘子的更新方式 $u_j^{k+1} = \max\left\{\min\limits_{i \in I_1^k}\{c_{ij}\},\ u_j^k\right\} + \varepsilon$ 可知 $u^{k+1} > u^k$, 则由推论 3.2(1) 可得 $q(u^{k+1}) \geqslant q(u^k)$. 因此, 改进的半拉格朗日松弛法为一对偶上升方法.

(2) 算法在有限次迭代后, 若其次梯度 $\sum\limits_{j \in J}\left(1 - \sum\limits_{i=1}^m x_{ij}^k\right) = 0$, 则 $u^k \in U^*$, 算法收敛到一原始-对偶最优点; 若其次梯度 $\sum\limits_{j \in J}\left(1 - \sum\limits_{i=1}^m x_{ij}^k\right) \neq 0$, 记 $\sum\limits_{j \in J}\left(1 - \sum\limits_{i=1}^m x_{ij}^k\right) = \gamma$, $\tilde{u}^k = \min\limits_{j \in J}\{u_j^k\}$, 并由半拉格朗日乘子的更新方式 $u_j^{k+1} = \max\left\{\min\limits_{i \in I_1^k}\{c_{ij}\},\ u_j^k\right\} + \varepsilon$ 可知 $u^k > \min\limits_{j \in J}\{u_j^0\} + (k-1)\varepsilon$. 进而, 由 $\sum\limits_{i=1}^m \sum\limits_{j=1}^n c_{ij} x_{ij} + \sum\limits_{i=1}^m f_i y_i \geqslant 0$ 及 $u^k > 0$, 可得

$$
\begin{aligned}
\mathfrak{L}(u^k, x^k, y^k) &= \sum_{i=1}^m \sum_{j=1}^n c_{ij} x_{ij}^k + \sum_{i=1}^m f_i y_i^k + \sum_{j=1}^n u_j^k \left(1 - \sum_{i=1}^m x_{ij}^k\right) \\
&\geqslant \sum_{j=1}^n u_j^k \left(1 - \sum_{i=1}^m x_{ij}^k\right) \\
&\geqslant \tilde{u}^k \sum_{j=1}^n \left(1 - \sum_{i=1}^m x_{ij}^k\right) \\
&> \left(\min_{j \in J}\{u_j^0\} + (k-1)\varepsilon\right)\gamma
\end{aligned}
$$

显然, $\lim\limits_{k \to \infty} \mathfrak{L}(u^k, x^k, y^k) = +\infty$, 这与 $U^* \neq \varnothing$ 相矛盾. ∎

第 4 章　现代启发式方法

由于应急设施选址问题大都属 NP 难题, 相应的求解算法一直是研究热点. 常用的求解算法除第 3 章所述的分支定界法、割平面法、分支–切割法、动态规划法和半拉格朗日松弛法等传统优化算法外, 现代启发式方法也已成为重要的求解策略. 现代启发式方法, 又称为智能优化算法, 是通过对生物学、物理学等领域中相关规律的模拟而设计出的智能型搜索方法. 相比传统优化算法, 现代启发式方法具有自组织、自学习、自适应和通用性强等优良特征. 在文献 [56-58] 的基础上, 我们将对几个主要的现代启发式方法进行介绍. 此外, 由于现代启发式方法往往具有适合并行计算的优点, 因此, 我们还将在自己编程经验的基础上对基于多核多线程技术的程序设计予以相应的阐述.

4.1　遗 传 算 法

遗传算法 (Genetic Algorithm, GA) 由美国密歇根大学 Holland 于 1975 年提出, 是一种模拟生物在自然环境中遗传和进化的全局优化算法. 算法基本思想遵循生物进化理论中“自然选择、适者生存”原则, 已成功用于数值优化、模式识别、自动控制、生物工程和人工智能等广大领域. 可以说, 到目前为止, 遗传算法是应用最广泛和效果最显著的智能优化算法.

4.1.1　算法原理

1831 年, Darwin 以博物学者身份进行了为期 5 年的环球科学考察, 并进行了大量的人工育种研究, 由此形成了生物进化的观点. 1859 年, Darwin 发表了划时代巨著——《物种起源》, 并提出了以自然选择、适者生存为基础的进化论. 同时, Wallace 也发表了和进化论观点几乎一致的《论变种无限地离开其原始模式的倾向》论文. 也正是如此, 进化论被恩格斯高度评价为“十九世纪自然科学的三大发现”之一.

根据 Darwin 的进化论, 后代与亲代之间性状存在相似性, 即性状可以从亲代传递给子代, 这种生物现象称为遗传. “种瓜得瓜, 种豆得豆”的现象, 就是遗传特征的生动体现. 染色体是细胞核中载有遗传信息的物质, 在显微镜下呈圆柱状或杆状, 主要由脱氧核糖核酸 (DNA) 和蛋白质组成, 易被碱性染料着色, 并因此而得名. 基因是带有遗传信息的 DNA 片段, 是控制生物性状的基本遗传单位. 一条染色体上会有许多基因, 而生物的各种性状几乎都是各种基因相互作用的结果.

生物在进化过程中, 大都会经历繁殖、交叉、变异和选择四个基本阶段. 繁殖是生物体都有的基本现象, 每个新个体都是其上一代经过繁殖而来的. 通过繁殖, 子代和亲代能够保证生物性状的相似性, 而有性繁殖是被证明为最有利于进化的繁殖方式. 生物在有性繁殖下一代时, 两个染色体利用交叉而重新组合产生新染色体, 即两个染色体的某些部分进行互换. 变异是染色体上某些基因发生突变的现象, 从而改变染色体的组成结构, 表现为亲代与子代之间具有不相似的现象. 突变在自然状态下可以产生, 也可以人为地实现. 前者称为自发突变, 后者称为诱发突变. 选择意味着适应环境的物种会生存下来, 而不适应环境的物种被淘汰, 即"适者生存, 优胜劣汰". 此外, 也因选择的作用, 具有某些特性的个体会比其他个体更容易生存并繁殖.

生物进化就是从低级到高级、从简单到复杂的过程. 在此过程中, 物种不断完善和发展. 也因此, 生物进化过程可视为一种优化过程. 受进化论的启发, 同时结合 Fisher 于 1930 年出版的《自然选择的遗传理论》, Holland 意识到可以通过计算机编程来模拟生物进化过程. 模拟进化将在计算机中而不是生物体中进行, 而且进化速度会比生物进化快得多. 此外, 有趣的是, 适应力较强的个体不仅会在他那一代为了生存而竞争, 而且会和他的"儿子"、"孙子"和"重孙"等进行竞争.

4.1.2 算法模型

遗传算法需要通过编码实现对个体的表示, 并利用适应度函数对个体优劣进行评价, 还要通过选择、交叉和变异等进化操作实现优化搜索.

1. 编码方法

在遗传算法中, 如何表示待处理问题的解, 即如何将问题的解空间映射到算法的搜索空间是算法设计的一个关键步骤. 目前, 可以利用编码将解通过染色体来表示. 一个染色体由一个一定长度字符串表示, 字符串的每一位对应一个基因. 从生物学角度来看, 编码相当于选择遗传物质. 在算法中, 一个染色体可视为一个个体, 而由多个个体就可以组成算法的搜索群体.

遗传算法的编码方式大致有: 二进制编码、自然数编码、实数编码和树型编码等. 其中, 最常见的是二进制编码. 例如, 一个长度为 5 的二进制串 10100 就可以表示一个个体; 三个二进制串 010, 011, 001 就可以表示规模为 3 的群体.

对个体进行评价需要在问题的解空间中进行, 即需要解码. 例如, 将二进制串 10100 表示成问题的解 20, 就是解码. 实际上, 交替进行编码和解码是遗传算法的必备组成部分, 可实现问题的解空间对算法搜索空间的相互转换.

2. 适应度函数

在遗传算法中, 每个个体都有一个适应度函数值相对应, 其优劣需要通过适应度函数值的大小进行定量评价. 个体越优, 其适应度函数值越大. 适应度函数是算法执行 "适者生存、优胜劣汰" 的依据, 直接决定搜索群体的进化行为.

通常情况下, 适应度函数需根据目标函数进行设置. 令 $g(x)$ 表示目标函数, $G(x)$ 表示适应度函数, 从目标函数 $g(x)$ 映射到适应度函数 $G(x)$ 的过程称为标定. 基本标定方法如下:

对于最大值优化问题, 可直接将目标函数 $g(x)$ 设置为适应度函数 $G(x)$, 即

$$G(x) = \max g(x) \tag{4.1}$$

对于最小值优化问题, 可在目标函数 $g(x)$ 前加一负号再将其设置为适应度函数 $G(x)$, 即

$$G(x) = -\min g(x) \tag{4.2}$$

在遗传算法中, 规定适应度函数值为正值, 但式 (4.1) 和 (4.2) 并不能保证这一点, 需要进一步转换. 令 $F(x)$ 表示转换后的适应度函数, 具体方法如下:

对于最大值优化问题, 令

$$F(x) = \begin{cases} G(x) + C_{\min}, & G(x) + C_{\min} > 0 \\ 0, & \text{否则} \end{cases} \tag{4.3}$$

其中, $C_{\min}$ 为足够小的常数.

对于最小值优化问题, 令

$$F(x) = \begin{cases} C_{\max} - G(x), & C_{\max} > G(x) \\ 0, & \text{否则} \end{cases} \tag{4.4}$$

其中, $C_{\max}$ 为足够大的常数.

3. 选择操作

选择 (也称为复制) 就是从当前群体中选择适应度函数值大的个体, 使这些优良个体有可能作为父代来繁殖下一代. 选择操作直接体现了 "适者生存、优胜劣汰" 的原则. 在该阶段, 个体的适应度函数值越大, 被选择作为父代的概率也越大; 个体的适应度函数值越小, 被淘汰的概率也越大.

实现选择操作的方法有很多, 最基本的是 Holland 推荐的轮盘赌算法. 计算每个个体被选择进入下一代群体的概率, 即

$$P_i = \frac{F_i}{\sum\limits_{i=1}^{N} F_i} \tag{4.5}$$

其中, P_i 表示第 i 个个体被选择的概率; F_i 表示第 i 个个体的适应度函数值; N 表示群体规模.

　　按选择概率 P_i 将圆盘形赌轮分成 N 份, 第 i 个扇形的中心角为 $2\pi P_i$. 转动轮盘一次, 假设参考点落入第 i 个扇形中, 就选择第 i 个个体, 如图 4.1 所示. 上述过程可采用计算机模拟来实现.

　　首先, 计算每个个体的累积概率, 即

$$Q_i = \sum_{j=1}^{i} P_j \tag{4.6}$$

其中, Q_i 表示第 i 个个体的累积概率, 并规定 $P_0=0$.

　　然后, 随机产生在 0 到 1 之间服从均匀分布的数 r. 当 $Q_{i-1} < r \leqslant Q_i$ 时, 则选择个体 i. 最后重复上述过程 N 次, 就可以选择 N 个个体.

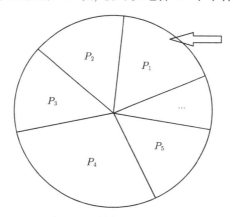

图 4.1　轮盘赌选择原理

4. 交叉操作

　　在生物进化中, 两个个体通过交叉互换染色体部分基因而重组产生新个体. 在遗传算法中, 交叉是产生新解的重要操作. 要进行交叉操作, 首先需要解决配对问题, 采用随机配对是最基本的方法.

　　一般情况下, 对二进制编码的个体采用点交叉方法. 所谓点交叉, 就是在两个配对字符串随机选择一个或者多个交叉点, 互换部分子串从而产生新的字符串. 如果只选择一个交叉点, 则称为单点交叉. 以此类推, 还有两点交叉以及多点交叉. 图 4.2 和图 4.3 给出了单点交叉和两点交叉的示意图.

　　两个个体是否进行交叉操作由交叉概率决定, 较大的交叉概率可以使遗传算法产生更多的新解, 保持群体的多样性, 并能防止算法早熟收敛. 但交叉概率过大, 又会使算法过多搜索不必要的解区域, 消耗过多的计算时间. 通常情况下, 交叉概率取值在 0.9 左右.

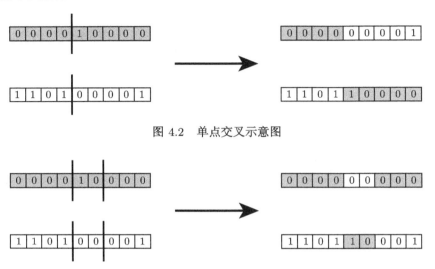

图 4.2　单点交叉示意图

图 4.3　两点交叉示意图

5. 变异操作

由于偶然因素, 生物进化中染色体某个 (些) 基因会发生突变, 从而产生新的染色体. 在遗传算法中, 变异是产生新解的另一种操作. 交叉操作相当于进行全局探索, 变异操作则相当于进行局部开发, 而全局探索和局部开发是智能优化算法必备的两种搜索能力. 对二进制编码的染色体进行变异操作, 相当于进行补运算, 即将字符 0 变为 1, 或将字符 1 变为 0.

个体是否进行变异由变异概率决定: 变异概率过小, 部分有用的基因就难以进入染色体, 不能有效提高算法解的质量; 变异概率过大, 子代就较易丧失父代优良的基因, 导致算法失去从以往搜索经验的学习能力. 一般情况下, 变异概率的取值为 0.005 左右.

综上所述, 给出遗传算法的主要步骤:

第 1 步　产生初始群体;

第 2 步　计算每个个体适应度函数值;

第 3 步　利用轮盘赌算法选择进入下一代群体中的个体;

第 4 步　两两配对的个体进行交叉操作以产生新个体;

第 5 步　新个体进行变异操作;

第 6 步　将群体中迄今出现的最好个体直接复制到下一代中 (精英保留策略);

第 7 步 反复执行第 2 步至第 6 步, 直到满足算法终止条件.

Rudolph 通过马尔可夫链相关理论证明, 仅采用选择、交叉和变异三种进化操作的遗传算法并不能收敛到全局最优值. 而采用精英保留策略, 将对基本遗传算法的全局收敛能力产生重要影响. Rudolph 从理论上证明了, 只有具有精英保留的遗传算法才是全局收敛的. 当然, 精英保留策略同样可以应用于其他智能优化算法.

前述遗传算法的流程如图 4.4 所示.

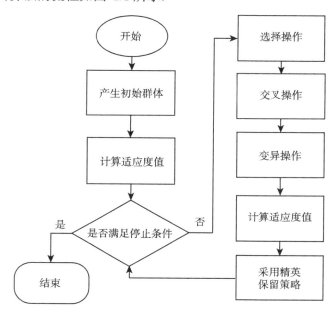

图 4.4 遗传算法流程图

4.2 蚁群优化算法

蚁群优化算法 (Ant Colony Optimization, ACO) 最早由比利时布鲁塞尔自由大学的 Dorigo 于 1991 年提出, 是一种源自大自然生物世界的仿生类算法, 其思想充分吸收了蚁群在觅食过程中的行为特性. 由于算法仿真中使用的是人工蚂蚁概念, 因此有时也被称为人工蚂蚁系统.

自蚁群优化算法在经典的旅行商问题和二次分配问题上取得成效后, 已逐步渗透到其他优化问题中, 例如, 图着色问题、车辆调度问题、工件排序问题、通信网络中的负载平衡问题以及超大规模集成电路设计问题等. 这种来自自然界的现代启发式优化算法已经在很多方面表现出很好的优化性能, 其求解问题的领域也在日益扩大.

4.2.1 算法原理

昆虫学家在研究类似蚂蚁这样的视盲动物是如何沿最佳路线从其巢穴到达食物源的过程中发现, 蚂蚁与蚂蚁之间最重要的通信媒介就是它们在移动过程中所释放的特有分泌物——信息素. 当一个孤立的蚂蚁随机移动时, 它能检测到其他同伴所释放的信息素, 并沿该路线移动, 同时又释放自身的信息素, 从而增强了该路线上的信息素数量. 随着越来越多的蚂蚁通过该路线, 一条最佳的路径就会逐渐形成.

Jean Louis Deneubourg 及其同事在对阿根廷蚂蚁进行的实验中, 建造了一座有两个分支的桥——其中一个分支的长度是另一个分支的两倍, 同时, 将蚁巢同食物源分隔开来. 实验发现, 蚂蚁通常在几分钟之内就选择了较短的那条分支, 如图 4.5 所示.

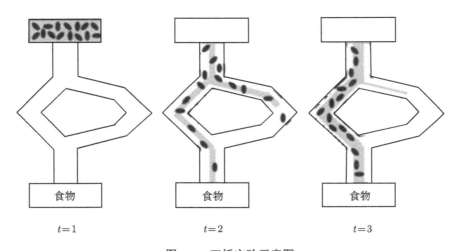

图 4.5   双桥实验示意图

自然界中的蚂蚁没有视觉, 既不知向何处去寻找和获取食物, 也不知发现食物后如何返回自己的巢穴, 它们仅仅依赖于同类散发在周围环境中的特殊物质——信息素的轨迹, 来决定自己何去何从. 有趣的是, 尽管没有任何先验的知识, 但蚂蚁还是有能力找到从其巢穴到食物源的最佳路径, 甚至在该路线上放置障碍物之后, 它们仍然能很快重新找到新的最佳路线.

这里, 借助更为形象化的图示来理解这种机制.

假定障碍物的周围有两条道路可从蚂蚁的巢穴到达食物源 (图 4.6): 巢穴-ABD-食物和巢穴-ACD-食物, 分别具有长度 4 和 6. 蚂蚁在单位时间内可移动一个单位长度的距离, 开始时所有道路上都未留有任何信息素.

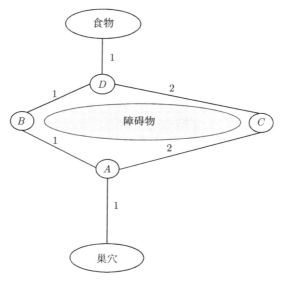

图 4.6　蚂蚁从巢穴至食物源

在 $t = 0$ 时刻, 20 只蚂蚁从巢穴出发移动到 A. 它们以相同概率选择左侧或右侧道路, 因此平均有 10 只蚂蚁走左侧, 10 只走右侧.

在 $t = 4$ 时刻, 第一组到达食物源的蚂蚁将折回.

在 $t = 5$ 时刻, 两组蚂蚁将在 D 点相遇. 此时 BD 上的信息素数量与 CD 上的相同, 因为各有 10 只蚂蚁选择了相应的道路, 从而有 5 只返回的蚂蚁将选择 BD 而另 5 只将选择 CD.

在 $t = 8$ 时刻, 前 5 个蚂蚁将返回巢穴, 而 AC, CD 和 BD 上各有 5 个蚂蚁.

在 $t = 9$ 时刻, 前 5 个蚂蚁又回到 A 并再次面临往左还是往右的选择.

这时, AB 上的轨迹数是 20 而 AC 上是 15, 因此将有较多的蚂蚁选择往左, 从而增强了该路线的信息素. 随着该过程的继续, 两条道路上信息素数量的差距将越来越大, 直至绝大多数蚂蚁都选择了最短的路线.

正是由于一条道路要比另一条道路短, 因此, 在相同的时间区间内, 短的路线会有更多机会被选择. 例如, 在 96 个时间单元中, 短的路线将会被一个蚂蚁走过 12 次, 而长的路线仅仅走过 8 次.

应该指出, 以蚂蚁为基础的方法能有效寻找较短的路径, 但不一定是最短的路径. 不过, 对于那些难于获得最优解的问题, 如 NP 难题, 这种近于最优的解法常常已经是绰绰有余了.

蚂蚁这些非常简单的个体, 组成的群体却表现出如此令人叹为观止的群体智能. 这种群体行为虽然没有一个统一的指挥中心, 但其整体行为却像是一个预先设计并在总指挥监督下协同进行的过程, 整个群体就像一个具有智慧的 "个人".

4.2.2   算法模型

这里, 以著名的旅行商问题 (Traveling Salesman Problem, TSP) 为例, 阐述蚁群优化算法的基本模型.

旅行商问题在图论意义下常常被称为最小 Hamilton 圈问题 (Minimum Hamiltonian Cycle Problem), Euler 等最早研究了该问题的雏形, 后来由英国的 Hamilton 爵士作为一个悬赏问题而提出. 但就是这个能让普通人在几分钟内就理解的游戏之作, 却延续至今仍未能解决, 成了一个著名的世界难题.

下面, 我们用数学语言予以描述.

记 $G = (V, E)$ 为赋权图, $V = (1, 2, \cdots, n)$ 为顶点集, E 为边集, 各顶点间的距离 d_{ij} 已知 $(d_{ij} > 0, d_{ii} = \infty, i, j \in V)$.

设

$$x_{ij} = \begin{cases} 1, & (i, j) \text{ 在最优回路上} \\ 0, & \text{其他} \end{cases}$$

则经典的旅行商问题可写为如下的数学规划模型:

$$\min Z = \sum_{i=1}^{n} \sum_{j=1}^{n} d_{ij} x_{ij} \tag{4.7}$$

$$\text{s.t.} \begin{cases} \sum_{j=1}^{n} x_{ij} = 1, & i \in V \tag{4.8} \\ \sum_{i=1}^{n} x_{ij} = 1, & j \in V \tag{4.9} \\ \sum_{i \in S} \sum_{j \in S} x_{ij} \leqslant |S| - 1, & \forall S \subset V \tag{4.10} \\ x_{ij} \in \{0, 1\} \tag{4.11} \end{cases}$$

其中, $|S|$ 为集合 S 中所含图 G 的顶点数; 约束 (4.8), (4.9) 意味着对每个点来说, 仅有一条边进和一条边出; 约束 (4.10) 则保证了没有任何子回路 (Subtour) 解的产生. 于是, 满足约束 (4.8)—(4.11) 的解构成了一条 Hamilton 回路. 约束 (4.10) 尚可写成其他等价形式, 此处不一一列举.

当 $d_{ij} = d_{ji} (i, j \in V)$ 时, 问题被称为对称型旅行商问题.

当对所有 $1 \leqslant i, j, k \leqslant n$, 有不等式 $d_{ij} + d_{jk} \geqslant d_{ik}$ 成立时, 问题被称为是满足三角形不等式的, 简记为 $\triangle$TSP.

三角形不等式在很多情况下自动满足, 如: 只要距离矩阵是由一度量矩阵导出的即可. 另一类自动满足的是闭包矩阵, 其元素 d_{ij} 表示的是对应完全图中 $i \to j$ 的最短路长. 一般而言, 现实生活中的绝大多数问题都满足三角形不等式, 这是旅行商问题的一种主要类型. 即使有不满足的, 也可转换为其闭包形式, 其所求得的旅行商问题最优解是等价的.

为简便起见, 这里假定所考虑的都是欧氏意义下的完全图 (否则, 可通过求任意两点间的最短路转化为等价的完全图形式).

以下结合旅行商问题, 给出蚁群优化算法的基本模型.

蚁群优化算法所具有的主要性质有:

(1) 蚂蚁群体总是寻找最小费用可行解.

(2) 每个人工蚂蚁具有记忆, 用来储存其当前路径的信息. 这种记忆可用来构造可行解、评价解的质量、路径反向追踪.

(3) 当前状态的蚂蚁可移动至可行邻域中的任一结点.

(4) 每个蚂蚁可赋予一个初始状态和一个或多个终止条件.

(5) 蚂蚁从初始状态出发移至可行邻域状态, 以递推方式构造解. 当至少有一个蚂蚁满足至少一个终止条件时, 构造过程结束.

(6) 蚂蚁按某种概率决策规则移至邻域结点.

(7) 当蚂蚁移至邻域结点时, 信息素轨迹被更新. 该过程称为"在线单步信息素更新".

(8) 一旦构造出一个解, 蚂蚁沿原路反向追踪, 更新其信息素轨迹. 该过程称为"在线延迟信息素更新".

在构造蚁群优化算法的基本实施步骤中, 用到的变量和常数有:

$m=$ 蚂蚁个数;

$n_{ij}=$ 边弧 (i,j) 的能见度 (Visibility), 即 $1/d_{ij}$;

$\tau_{ij}=$ 边弧 (i,j) 的轨迹强度 (Intensity);

$\Delta\tau_{ij}^k=$ 蚂蚁 k 于边弧 (i,j) 上留下的单位长度轨迹信息素数量.

按 $\Delta\tau_{ij}^k$ 的不同取法, 可形成不同类型的蚁群优化算法, 最基本的为

$$\Delta\tau_{ij}^k = \begin{cases} Q/Z_k, & (i,j) \text{ 在最优路径上} \\ 0, & \text{其他} \end{cases} \tag{4.12}$$

其中, Z_k 为目标函数值, 该算法称为 Ant-Cycle 模型.

另外还有如下两种模型:

Ant-Density 模型:

$$\Delta\tau_{ij}^k = \begin{cases} Q, & (i,j) \text{ 在最优路径上} \\ 0, & \text{其他} \end{cases} \tag{4.13}$$

Ant-Quantity 模型：

$$\Delta\tau_{ij}^{k} = \begin{cases} Q/d_{ij}, & (i,j) \text{ 在最优路径上} \\ 0, & \text{其他} \end{cases} \tag{4.14}$$

$P_{ij}^{k} = $ 蚂蚁 k 的转移概率，与 $\tau_{ij}^{k} \cdot \eta_{ij}^{\beta}$ 成正比，j 是尚未访问的结点.
轨迹强度的更新方程为

$$\tau_{ij}^{\text{new}} = \rho \cdot \tau_{ij}^{\text{old}} + \sum_{k} \Delta\tau_{ij}^{k} \tag{4.15}$$

这里, 各参数的含义如下：

　　$\alpha = $ 轨迹的相对重要性 $(\alpha \geqslant 0)$；

　　$\beta = $ 能见度的相对重要性 $(\beta \geqslant 0)$；

　　$\rho = $ 轨迹的持久性 $(0 \leqslant \rho \leqslant 1)$；可将 $1 - \rho$ 理解为迹衰减度 (Evaporation)；

　　$Q = $ 体现蚂蚁所留轨迹数量的一个常数.

　　于是, 蚁群优化算法主要步骤可叙述如下：

第 1 步　$nc \leftarrow 0$ (nc 为迭代步数或搜索次数)；

各 τ_{ij} 和 $\Delta\tau_{ij}$ 初始化；

将 m 个蚂蚁置于 n 个顶点上.

第 2 步　将各蚂蚁的初始出发点置于当前解集中；

对每个蚂蚁 k, 按概率 P_{ij}^{k} 移至下一顶点 j；

将顶点 j 置于当前解集.

第 3 步　计算各蚂蚁的目标函数值 Z_k；

记录当前的最好解.

第 4 步　按更新方程修改轨迹强度；

第 5 步　对各边弧 (i,j), 置 $\Delta\tau_{ij} \leftarrow 0$；

$nc \leftarrow nc + 1$.

第 6 步　若 $nc < $ 预定的迭代次数且无退化行为 (即找到的都是相同解), 则转
第 2 步.

第 7 步　输出目前的最好解.

4.3　禁忌搜索算法

　　禁忌搜索 (Tabu Search, TS) 算法是局部搜索算法的扩展, 由美国科罗拉多大
学 Glover 于 1986 年提出. 禁忌 (Tabu 或 Taboo) 这个词来源于 Tongan (玻利尼西
亚人的一种语言), 被 Tongan 岛的土著居民用来指那些神圣而不可侵犯的东西. 在

禁忌搜索算法中, 采用禁忌表来记录已经到达过的局部最优点, 使得在以后一段时期的搜索中, 不再重复搜索这些解, 以此来跳出局部极值点.

禁忌搜索算法自提出以来, 得到了广泛的关注. 目前, 算法在组合优化、车间调度和机器学习等一系列领域内取得了极大的成功.

4.3.1 算法原理

这里, 以四个城市的非对称型旅行商问题为例, 对禁忌搜索算法的算法原理进行阐述.

例 4.1 四个城市非对称型旅行商问题如图 4.7 所示.

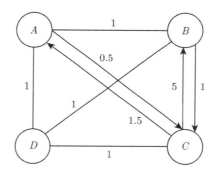

图 4.7 四个城市非对称型的旅行商问题

距离矩阵为

$$D = (d_{ij}) = \begin{bmatrix} 0 & 1 & 0.5 & 1 \\ 1 & 0 & 1 & 1 \\ 1.5 & 5 & 0 & 1 \\ 1 & 1 & 1 & 0 \end{bmatrix}$$

假设城市 A 为起点和终点, 且初始解为 $x^0 = (ABCD)$, 则目标函数值 $f(x^0) = 4$, 局部搜索机制设计为两个城市位置相互交换. 此时, 邻域 $N(x^0) = \{(ACBD), (ADCB), (ABDC)\}$. 比较初始解和其邻域解可知, 目前最好解是 $x^0 = (ABCD)$. 按局部搜索策略, 算法运行结束. 这里, 找到的最好解实际上是局部最优解, 而全局最优解是 $x^{\text{best}} = (ACDB)$, 相应函数值为 $f(x^{\text{best}}) = 3.5$.

在禁忌搜索算法中, 不要求每次迭代产生的新解都优于原来的解. 此时, 可以从邻域 $N(x^0) = \{(ACBD), (ADCB), (ABDC)\}$ 中选择一个最好的解, 即 $x^1 = (ABDC)$, 且 $f(x^1) = 4.5$. 虽然此时目标函数值变大, 却有助于算法扩大搜索范围.

上述过程如图 4.8 所示, 其中*表示入选的互换.

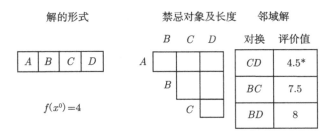

图 4.8   禁忌搜索算法第一步

算法第二步如图 4.9 所示. 由于在算法第一步中选择了 C 和 D 互换, 因此希望在后续过程中避免重复操作. 设置 CD 为禁忌对象并限定在 3 次迭代中不允许 CD 或者 DC 互换, 同时在表中对应位置记为 3, 用 T 表示禁忌对象.

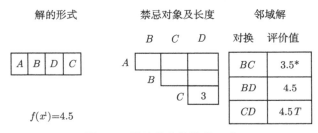

图 4.9   禁忌搜索算法第二步

算法第三步如图 4.10 所示. CD 互换被禁忌一次后还有两次, 而新入选的 BC 互换也将被禁忌. 可以发现, 这里产生的邻域解函数值都变差, 但为进一步扩大搜索范围, 同时考虑到 CD 和 BC 为禁忌对象, 只能选择 BD 互换.

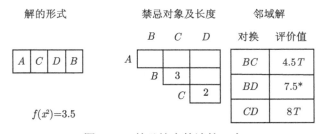

图 4.10   禁忌搜索算法第三步

算法第四步如图 4.11 所示. 此时, 所有邻域解的对换都被禁忌, 算法无法继续. 若将禁忌次数由 3 次改为 2 次, 继续迭代又返回初始解为 x^0, 出现循环.

为解决上述问题, 可以在所有被禁忌的邻域解中选择一个最好解来破除禁忌, 该方法称为特赦准则. 这里, 在第四步中, 可以将被禁忌的 BD 对换解禁, 得到的解为 $ACDB$, 实际上该解已经是全局最优解.

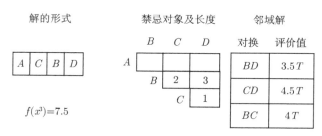

图 4.11 禁忌搜索算法第四步

从上可以发现, 禁忌对象、被禁长度、特赦准则对算法性能有非常重要的影响. 此外, 初始解、邻域解、评价函数和停止准则也会对算法优化性能产生影响.

4.3.2 算法模型

如果说遗传算法开创了在解空间中从多个出发点搜索问题最优解的先河, 那么禁忌搜索算法是第一次在优化过程中使用了记忆功能. 这种算法使用禁忌表来避免重复搜索, 扩大寻优区域, 同时采用特赦准则来解禁某些被禁对象, 避免陷入局部最优. 可以说, 禁忌表和特赦准则是禁忌搜索算法最重要的组成部分.

1. 禁忌表

禁忌表是禁忌搜索算法最显著的特征, 主要由禁忌对象和禁忌长度组成. 禁忌对象是产生解变化的因素, 而禁忌长度是禁忌对象被禁次数.

禁忌对象主要分为解的简单变化、解向量分量变化和目标值变化三种形式.

解的简单变化是比较常用的被禁对象. 假设 $x, y \in D, D$ 为定义域, $N(x)$ 为 x 的邻域, 则 $x \to y \in N(x)$ 可以看作解的简单变化.

而解向量分量变化则考虑得更加复杂, 以解向量的每个分量变化为最基本元素. 假设解向量为 $(x_1, \cdots, x_{i-1}, x_i, x_{i+1}, \cdots, x_n)$, 则解向量分量最基本的变化为 $(x_1, \cdots, x_{i-1}, y_i, x_{i+1}, \cdots, x_n)$. 这里, 只有第 i 个分量发生改变. 当然, 解向量分量变化也包括多个分量同时发生变化的情况.

第三种被禁对象是目标值变化, 将具有相同目标值的解认为是同一状态, 类似于等位线的做法. 例如, 考虑函数 $f(x) = \sin x, x \in [0, \pi]$. 目标值从 0.5 变为 1 时隐含两个解的变化, 即 $\pi/6 \to \pi/2$ 和 $5\pi/6 \to \pi/2$.

上述 3 种禁忌对象中, 相对解向量分量变化和目标值变化, 解的简单变化被禁范围较小, 搜索空间较大, 但计算时间较长; 解向量分量变化和目标值变化被禁范围较大, 计算时间较少, 但因搜索范围较小, 更易陷入局部极值. 在实际应用中, 往往需要根据问题特征以确定禁忌对象的形式.

和禁忌对象一样, 禁忌长度对算法性能也有重要的影响.

禁忌长度就是被禁对象不允许被选择的迭代次数. 假设 a 为被禁对象, 在禁忌

表中可以令 $\text{tabu}(a) = t$, 表示在 t 次迭代内禁止 a 被选中. t 被称为禁忌长度. 在后续计算过程中, 每迭代一次, $\text{tabu}(a) = t - 1$, 直至 $\text{tabu}(a) = 0$ 时, 对象 a 被解禁.

目前, 关于禁忌长度 t 设置方法主要有以下两种:

(1) t 为常数. 例如, $t = 10$, $t = \sqrt{n}$, 其中 n 为邻域解的个数.

(2) t 随迭代次数调整. 例如, 可设置 t 变化范围为 $[t_{\min}, t_{\max}]$, 其中, $t_{\min}$ 和 $t_{\max}$ 分别为 t 的下界和上界. $t_{\min}$ 和 $t_{\max}$ 可根据问题规模 T 进行设置, 例如, 设为 $\left[\alpha\sqrt{T}, \beta\sqrt{T}\right]$ $(0 < \alpha < \beta)$; 也可以根据邻域解个数 n 进行设置, 例如, 设为 $[\alpha\sqrt{n}, \beta\sqrt{n}]$ $(0 < \alpha < \beta)$. 此外, 可设置 $t_{\min}$ 和 $t_{\max}$ 也随迭代次数变化. 在确定好变化区间后, t 的取值需要根据求解问题的特征进行调整. 例如, 当函数值下降较大时, 被禁的长度取值可以大一些.

研究表明: 禁忌长度较大时, 算法可以在更多的未知区域进行优化搜索, 全局探索性能较好; 禁忌长度较小时, 算法可以在较小的范围内进行精细搜索, 局部开发能力较强. 因此, 动态调整的禁忌长度比固定不变的禁忌长度能够让算法具有更好的性能.

除上述讨论的由禁忌对象和禁忌长度组成的禁忌表外, 特赦准则也是禁忌搜索算法的重要组成部分.

2. 特赦准则

在优化过程中, 会出现邻域解全部是被禁对象, 或者某一被禁对象被解禁后当前最优值会改进的情况. 为处理这类情况, 可以将某个被禁对象解禁, 这种方法称为特赦准则或者藐视准则.

特赦准则的设置方法常用的方法有以下三种:

1) 基于评价值准则

如果某个邻域解的评价值优于历史当前最优值, 那么即使这个邻域解是被禁忌对象, 都会被接受.

2) 基于最小错误准则

如果邻域解全部是被禁对象, 而且不满足基于评价值准则, 那么可以从所有邻域解中选择一个评价值最好的解.

3) 基于影响力准则

有些对象的变化对目标值的影响较大, 而有些对象的变化对目标值的影响较小. 因此, 可以让影响力大的禁忌对象解禁.

特赦准则和禁忌表是禁忌搜索算法两个重要组成部分, 通过禁忌表来禁止某些对象, 而通过特赦准则可以解禁部分禁忌对象.

综上所述, 基本禁忌搜索算法的流程如图 4.12 所示.

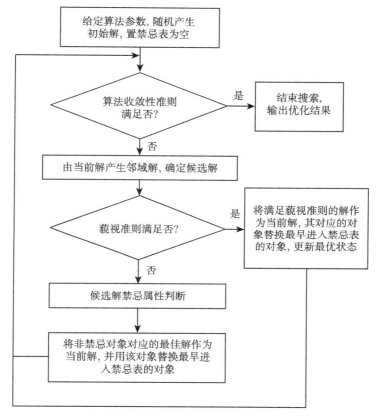

图 4.12 禁忌搜索算法流程图

4.4 蝙 蝠 算 法

蝙蝠算法 (Bat Algorithm, BA) 由英国密德萨斯大学的 Yang 于 2010 年提出, 是一种模拟微型蝙蝠回声定位原理的仿生群智能优化算法. 算法采用频率调谐的技术来增强种群的多样性, 利用迭代过程中脉冲响度和脉冲发射频率的实时改变来实现算法的全局搜索和局部搜索的自动切换, 从而实现全局搜索和局部搜索的平衡.

蝙蝠算法在车辆路径问题、梯级水电站群优化调度问题、柔性流水车间排产优化问题和无人机战场侦察目标跟踪问题等方面都获得了成功的应用.

4.4.1 算法原理

蝙蝠是哺乳动物中分布最广泛、数量最多的类群之一, 高度进化的回声定位系统使它们成为进化最成功的类群之一. 1793 年, 意大利科学家 Spallanzani 首次提出蝙蝠依靠听觉进行空中定位和搜索猎物的结论. 20 世纪 30 年代后期, 美国动物学家 Griffin 提出回声定位的概念, 并利用声呐探测器对飞行的蝙蝠进行探测.

蝙蝠是哺乳类中第二大目, 全世界有 977 种左右, 我国有 105 种左右, 占兽类种类的 17.59%. 蝙蝠种类繁多, 大多数为食虫类, 擅在夜间活动, 视觉较差, 但听觉异常发达. 这是因为蝙蝠能有效利用回声定位, 在夜间或十分昏暗的环境中也能自由飞翔并准确无误地捕捉猎物.

蝙蝠的大小差别很大, 最大的蝙蝠俾斯麦飞狐蝠, 翼展达 1.65m, 体重达 1kg. 最小的蝙蝠是一种蝶蝠, 体重仅 4g, 翼展仅 2cm. 蝙蝠能听到频率高达 212kHz 的超声波, 而人耳只能听到 20kHz 以下的声音. 微型蝙蝠约有 780 个物种, 几乎都有回声定位系统, 多能自口腔发出从 7000Hz 至 70000Hz 不同频率的声波, 并用发达的耳朵接收返回声波. 蝙蝠发出速度低 (约 10 次/s) 而频率高 (60000Hz 至 70000Hz) 的声波, 当检测到有昆虫等猎物存在时, 频率下降; 随着向目标的靠近, 回声定位频率也越来越低. 听到的回声频率逐步下降, 这种改变频率的特点使得蝙蝠能在嘈杂的外界环境中, 迅速辨认出自己的声波.

回声定位是一个复杂的、高度进化的过程, 是通过动物对自身发射声波回声的分析来建立其周围环境的声音和图像. 蝙蝠对自己发出的超声波回声进行分析, 不仅能判断附近障碍物的距离, 还能发现昆虫以便捕捉. 蝙蝠通过回声, 可以知道昆虫的大小、形状及其运动方向, 因此捕捉极为准确. 这一过程被称为回声定位.

许多研究认为, 蝙蝠根据自己发出的声波与接收的声波时差确定物体的距离, 依据回声到达两耳的不同时间与不同强度来判断物体方位, 利用回声定位波形变化来识别物体的性质是敌害、猎物还是建筑物. 这一切活动都在极短的时间内发生, 因为当它们接近物体时, 随着频率降低, 声波速度越来越大, 检测速度十分惊人. 在一般情况下, 蝙蝠平均每分钟能捕到 10 只蚊子或 14 只果蝇大小的昆虫. 蝙蝠的声呐系统非常精巧, 动物学家在 200 年前首次进行了实验, 在吊挂着许多悬线的暗室中往返飞行, 没有一个会撞线.

由于声音在空气中的速度通常为 $v = 340$ m/s, 而超声波在 f 频率下的波长为 $\lambda = v/f$. 通常频率为 25kHz 到 150kHz, 它的范围在 2mm 到 14mm, 这样的波长符合其猎物大小. 发出的在超声波范围内的声波, 其响度能达到 110dB. 响度可以从搜索猎物时的最高变化到靠近猎物时的最静音, 通常按实际频率, 这样短暂的脉冲传送距离往往只有几米. 微型蝙蝠往往能够设法避开障碍物, 哪怕障碍物只有发丝大小. 研究表明: 微型蝙蝠利用发出和探测回声的时间延迟, 用双耳的时间差, 用回声的响度变化去建立周围环境的三维场景, 并能探测目标物的距离与方向、猎物的种类、猎物的移动速度, 哪怕猎物只是一只小昆虫.

4.4.2 算法模型

基于上述蝙蝠回声定位特征而提出的蝙蝠算法, 建立在以下三个理想化的规则之上:

(1) 所有蝙蝠都使用回声定位去感知距离, 并且能以一种不为我们所知的方式分辨出食物或者猎物与背景障碍物.

(2) 蝙蝠在位置 x_i 以速度 v_i 和频率 $f_{\min}$ 进行随意飞行, 通过改变波长 λ 和响度 A_i 来实现其对猎物的搜索. 此外, 它们可以根据猎物与自己的距离来自动调节发射的脉冲波长 (或频率) 并调整脉冲发射的速率 $r \in [0, 1]$.

(3) 尽管响度变化的方式多种多样, 但这里假定其变化过程是从最大值 (正值)A_0 逐渐变化到最低的恒值 $A_{\min}$.

下面, 给出蝙蝠算法的具体数学模型.

假设在一个 d 维搜索空间中, 第 i 只蝙蝠在第 t 代时位置为 x_i^t, 速度为 v_i^t. 当前蝙蝠种群最好的位置为 x_*, 则关于位置 x_i^t 和速度 v_i^t 更新方程如下:

$$f_i = f_{\min} + (f_{\max} - f_{\min})\beta \tag{4.16}$$

$$v_i^t = v_i^{t-1} + (x_i^t - x_*)f_i \tag{4.17}$$

$$x_i^t = x_i^{t-1} + v_i^t \tag{4.18}$$

其中, f_i, $f_{\max}$ 和 $f_{\min}$ 分别表示第 i 只蝙蝠在当前时刻发出的声波的频率、声波频率的最大值和最小值; β 表示在 $[0, 1]$ 的服从均匀分布的随机变量.

在实现过程中, 我们既可使用波长, 也可使用频率. 这里, 不妨使用频率形式. 初始化时, 每个蝙蝠的频率可在区间 $[f_{\min}, f_{\max}]$ 上随机均匀产生. 正因如此, 蝙蝠算法可看作是一种能够实现全局探索和局部开发的频率调谐算法, 响度和脉冲发射速率的主要作用就是提供这种机制. 该机制不仅能自动控制, 而且能自动将搜索区域缩放到能够取得更好搜索结果的区域.

一旦从现有的最优解集中随机选出一个当前最好解 x_{old}, 则每只蝙蝠新待定的位置就在其附近产生, 如式 (4.19) 所示:

$$x_{\mathrm{new}} = x_{\mathrm{old}} + \varepsilon A^t \tag{4.19}$$

这里, $\varepsilon \in [-1, 1]$ 为任意随机变量, $A^t = \langle A_i^t \rangle$ 是所有蝙蝠在该时间段里的平均响度. 此外, 为保证算法在全局探索和局部开发之间的平衡, 要求脉冲发射的响度 A_i 和速率 r_i 需随着迭代过程进行更新. 通常情况下, 响度会逐渐降低, 脉冲的发射速率会逐渐增加. 响度可以是区间 $[A_{\min}, A_{\max}]$ 上的任意值, 假设 $A_{\min} = 0$ 表示蝙蝠刚找到猎物, 临时决定停止发生任何声响. 基于该假设, 有

$$A_i^{t+1} = \alpha A_i^t \tag{4.20}$$

$$r_i^{t+1} = r_i^0 \left[1 - \exp(-\gamma t)\right] \tag{4.21}$$

其中, α 和 γ 是常量. 事实上, α 类似于模拟退火算法中冷却进程表中的冷却因子. 对于任何 $0 < \alpha < 1$ 和 $\gamma > 0$, 当 $t \to \infty$ 时, 有 $A_i^t \to 0$, $r_i^t \to r_i^0$. 在最简单的情况下, 可以取 $\alpha = \gamma = 0.9$. 当然, 针对具体问题, 也可通过必要的数值实验来设置参数.

假设现要求函数 $g(x)$ 的最小值, 变量维数为 D, 种群大小为 n, 第 i 只蝙蝠的位置为 x_i, 其中 $x_i = (x_{i1}, x_{i2}, \cdots, x_{iD})$, $i = 1, 2, \cdots, n$. 下面给出基本蝙蝠算法的伪代码.

初始化种群蝙蝠位置 x_i, 速度 v_i, 脉冲发射速率 r_i, 脉冲响度 A_i, 脉冲频率 f_i, 个体评价 $\mathrm{fitness}(i) = g(x_i)$, $i = 1, 2, \cdots, n$, 当前种群最好解 x_*.

```
while （不满足停机条件）
    for i = 1 : n
        用式 (4.16)∼(4.18) 产生新解  x'_new
        if rand > r_i
            用式 (4.19) 得到一个局部新解  x'_new
        endif
        fnew = fitness (x'_new)
        if rand < A_i && fnew < fitness (i)
            x_i = x'_new
            fitness (i) = fnew
            通过式 (4.20) 和 (4.21) 更新 r_i 和 A_i
        endif
    endfor
    更新当前最好解 x_*
endwhile
```

4.5   引力搜索算法

引力搜索算法 (Gravitational Search Algorithm, GSA) 是由伊朗克尔曼科技大学 Rashedi 等于 2009 年提出的, 是一种模拟万有引力定律的群智能优化算法. 目

前, 引力搜索算法已成功用于求解经济负荷分配问题、DNA 编码序列设计问题、网络服务选择问题、系统辨识问题、关联规则挖掘问题和石油产量预测问题等.

4.5.1 算法原理

万有引力定律是 Newton 于 1687 年在《自然哲学的数学原理》上提出的, 解释了物体之间相互作用关系的定律, 是物体间由于其引力质量而引起的相互吸引力所遵循的规律. 万有引力定律的发现, 是 17 世纪自然科学最伟大的成果之一. 它把地面上物体运动的规律与天体运动规律统一起来, 对物理学和天文学的发展有着极其重要的影响. 同时, 万有引力定律的提出, 给人们探索大自然的奥秘建立了极大的信心, 在人类认识自然的历史上树立了一座里程碑. 自此以后, 人们相信人类有能力理解自然界的各种事物和它们运行的内在规律.

自然界中任何两个物体都是相互吸引的, 万有引力普遍存在于任意两个有质量的物体之间. 万有引力定律可表述为: 自然界中任何两个物体都是相互吸引的, 引力的大小跟这两个物体的质量的乘积成正比, 跟它们距离的二次方成反比. 其数学表达式为

$$F = G\frac{m_1 m_2}{r^2} \tag{4.22}$$

其中, F 表示两个物体间的引力; G 表示万有引力常数; m_1 和 m_2 分别表示物体 1 和物体 2 的质量; r 表示两个物体间的距离 (图 4.13).

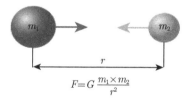

图 4.13　万有引力定律示意图

引力搜索算法在求解优化问题时, 搜索个体的位置和问题的解相对应, 并且还需考虑个体质量. 个体质量用于评价个体的优劣, 位置越好, 质量越大. 由于引力的作用, 个体之间相互吸引并且朝着质量较大的个体方向移动, 个体运动遵循 Newton 第二定律. 随着运动的不断进行, 最终整个群体都会聚集在质量最大个体的周围, 从而找到质量最大的个体, 而质量最大个体占据最优位置. 因此, 算法可在这个意义上获得问题的最优解.

引力搜索算法属于群智能优化算法, 而群智能优化算法最显著的特点是强调个体之间的相互作用. 这里, 相互作用可以是个体间直接或间接的通信. 在引力搜索算法中, 万有引力相当于是一种信息传递工具, 实现个体间的优化信息共享, 整个

群体在引力的作用下进行优化搜索. 信息的交互过程不仅在群体内部传播了信息, 而且群体内所有个体都能处理信息, 并根据其所得信息改变自身的搜索行为. 这样, 就使整个群体涌现出一些单个个体所不具备的能力和特性. 也就是说, 在群体中, 个体行为虽然简单, 但是个体通过所获得的信息相互作用, 从而解决全局目标, 信息在整个群体的传播使得问题能够比由单个个体求解更为有效地获得解决.

4.5.2 算法模型

引力搜索算法首先在解空间和速度空间分别对位置和速度进行初始化, 其中, 位置表示问题的解. 例如, D 维空间中的第 i 个搜索个体的位置和速度分别表示为 $X_i = (x_i^1, \cdots, x_i^d, \cdots, x_i^D)$ 和 $V_i = (v_i^1, \cdots, v_i^d, \cdots, v_i^D)$, 其中, x_i^d 和 v_i^d 分别表示个体 i 在第 d 维的位置分量和速度分量. 通过评价各个个体的目标函数值, 确定每个个体的质量和受到的引力, 计算加速度, 并更新速度和位置.

1) 计算质量

个体 i 的质量定义如下:

$$q_i(t) = \frac{\text{fit}_i(t) - \text{worst}(t)}{\text{best}(t) - \text{worst}(t)} \tag{4.23}$$

$$M_i(t) = \frac{q_i(t)}{\sum_{j=1}^{N} q_j(t)} \tag{4.24}$$

其中, $\text{fit}_i(t)$ 和 $M_i(t)$ 分别表示在第 t 次迭代时第 i 个个体的适应度函数值和质量; $\text{best}(t)$ 和 $\text{worst}(t)$ 表示在第 t 次迭代时所有个体中最优适应度函数值和最差适应度函数值, 对最小化问题而言, 其定义如下:

$$\text{best}(t) = \min_{j \in \{1, 2, \cdots, N\}} \text{fit}_j(t) \tag{4.25}$$

$$\text{worst}(t) = \max_{j \in \{1, 2, \cdots, N\}} \text{fit}_j(t) \tag{4.26}$$

2) 计算引力

算法源于对万有引力定律的模拟, 但并不拘泥于物理学中万有引力公式的精确表达式. 根据实验结果, 采用下述的引力定义表达式效果更好. 在第 d 维上, 个体 j 对个体 i 的引力定义如下:

$$F_{ij}^d(t) = G(t) \frac{M_j(t) M_i(t)}{R_{ij}(t) + \varepsilon} (x_j^d(t) - x_i^d(t)) \tag{4.27}$$

其中, $G(t)$ 表示在第 t 次迭代时万有引力常数的取值, $G(t) = G_0 \mathrm{e}^{-\alpha t/T}$, G_0 和 α 为常数, T 表示最大迭代次数; $R_{ij}(t)$ 表示个体 i 和 j 之间的欧氏距离, $i, j \in \{1, 2, \cdots, N\}$, 且 $i \neq j$, $d = 1, 2, \cdots, D$; ε 表示一常数, 以防止分母为零.

在第 d 维上, 个体 i 所受的合力为

$$F_i^d(t) = \sum_{j \in kbest, j \neq i}^{N} \text{rand}_j F_{ij}^d(t) \tag{4.28}$$

其中, rand_j 表示在 $[0, 1]$ 之间服从均匀分布的一个随机变量; $kbest$ 表示个体质量按降序排在前 k 个的个体, 并且 k 的取值随迭代次数线性减小, 初值为 N, 终值为 1.

3) 计算加速度

根据 Newton 第二定律, 个体 i 在第 d 维的加速度方程为

$$a_i^d(t) = \frac{F_i^d(t)}{M_i(t)} \tag{4.29}$$

4) 更新速度和位置

$$v_i^d(t+1) = r \times v_i^d(t) + a_i^d(t) \tag{4.30}$$

$$x_i^d(t+1) = x_i^d(t) + v_i^d(t+1) \tag{4.31}$$

其中, r 表示在 $[0,1]$ 之间服从均匀分布的一个随机变量.

目前, 已有的智能计算理论和应用研究表明, 智能优化算法是一类能够有效解决大多数优化问题的实用方法. 基于智能特征的优化算法设计需遵守简单有效的原则, 对于自然现象过于复杂的模拟, 往往会导致算法不具有推广性和实用价值, 许多智能优化算法不成功的原因就在于此. 而如何从自然规律中提炼出有效的规则并应用于算法的寻优策略, 是智能优化算法设计时要面对的一个关键问题. 引力搜索算法的目的并不是忠实地模拟万有引力定律, 而是利用万有引力定律的特点去解决优化问题. 算法受万有引力定律启发, 但不拘泥于万有引力公式的原始表达式. 根据实验结果, 在算法中引力与两个个体质量的乘积成正比比和它们的距离成反比的优化效果更好. 此外, 同样根据实验, 万有引力常数不再固定不变, 而是随迭代次数单调递减, 这样算法的优化性能更好.

在计算个体受到的万有引力合力时, 算法只考虑质量较大个体产生的引力. 因为在引力搜索算法中, 当引力较大时, 或者有质量较大的个体, 或者两个体间的距离较小. 质量较大的个体占据较优的位置, 并且代表较好的解. 算法仅考虑来自质量较大的个体的引力, 可以消除因距离较小而引力较大的影响, 引导其他个体向质量较大的个体方向移动. 在引力的不断作用下, 整个群体逐渐向质量最大的个体方向逼近, 最终搜索到问题的最优解.

综上所述, 引力搜索算法的主要实现步骤如下:

第 1 步   随机初始化群体中各个体的位置, 个体的初始速度为零;

第 2 步   计算每个个体的适应度函数值;

第 3 步   计算个体的质量和受到的引力;

第 4 步   计算个体的加速度和速度;

第 5 步   更新个体的位置;

第 6 步   若满足终止条件, 则输出当前结果并终止算法, 否则转第 2 步.

上述算法的流程图如图 4.14 所示.

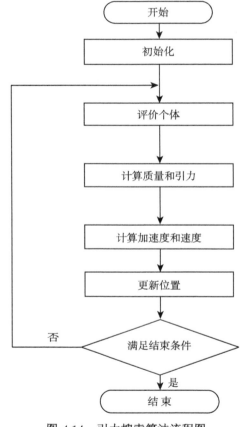

图 4.14   引力搜索算法流程图

4.6   基于多核多线程技术的程序设计

4.6.1   概述

计算机尤其是微机的微处理器发展, 一直有个让人乐观的摩尔定律, 即微处理器的运算速度以及单片处理器上晶体管的集成度每过数月都会翻上一番. 但是渐渐地, 随着微处理器时钟频率日益突破、制造工艺日益先进, 人们发现, 曾经的单核芯片上的快速发展已几乎达到极限. 于是, 另辟蹊径、寻找替代之路就成了一种无奈的选择.

近十多年来, 随着通用微机硬件技术的快速发展, 带有多核 CPU(中央处理器) 配置的计算机也已大面积进入商用和家用领域. 当前, 微机系统的主流配置都配备了双核、四核、八核乃至十六核的 CPU, 在体系结构方面已具备了实现多核多线程并行计算的硬件条件, 且这种内核模式具有共享存储空间的体系结构特点. 理论上而言, 多核芯片相较以前的单核芯片, 具有更好的性能和更高的计算效率.

多核处理器的出现, 要求操作系统须有巨大的变化来适应处理器的发展, 并使处理器的性能可以充分发挥. 这就需要操作系统做到: ① 能合理组织、分配、调度任务, 以便充分发挥处理器的硬件性能; ② 能保证操作系统外部接口的相对稳定性. 一般而言, 用户往往希望从单核处理器到多核处理器, 操作系统能平稳过渡. 在软件方面, 则希望能不用修改就可在多核环境下很好运行, 同时还能充分利用多核处理器的优越性能.

但问题恰恰在于, 多核处理器的架构与传统的串行编程模型之间的矛盾日益凸显. 迄今为止, 除了操作系统本身以及部分专用软件之外, 就用户层面而言, 这种多核 CPU 并未在一般意义上发挥出应有的优势. 由于涉及硬件内核计算调度以及具体编程语言是否支持多核多线程的实现, 用户想要真正将以前按传统单核方式编程实现的算法转化为能够大幅度提升计算效率的多核多线程算法, 至少在目前阶段而言并不是一件轻而易举的事. 这就要求我们必须改变编程模式, 将编程思维由串行模式向并行模式转换, 使新的编程模型下开发的程序能在多核平台上有效执行, 做到性能和效率比串行模式下更高 [59].

由于具有优良的性价比, 多核处理器现已成为通用处理器市场的主流, 多核系统也已成了当今主要的计算平台, 无论是桌面应用、移动应用、服务器应用还是专用嵌入式平台, 都采用了多核结构. 多核的优势在于 "降低功耗", 解决了以往靠提高主频而带来的棘手问题, 其计算性能更强, 可满足用户同时进行多任务处理和多任务计算环境的要求. 但棘手的是, 正是因为处理器体系架构的根本性变化, 要想充分利用这些处理器, 软件设计也随之更具挑战性.

多线程是并行编程模型中的一种, 在多核平台上, 各线程都在相互独立的执行核上并行运行. 为充分利用多核 CPU 的性能, 软件开发必须根据多核的特点有效利用多线程技术. 于是, 多核多线程的编程技术就此崭露头角. 如何利用现有硬件技术, 改善和提高算法执行效率, 便成了极有价值的研究课题.

由于现代计算机体系结构依据图灵机理论基础而建立, 本质上是串行的. 但随着多核处理器的问世, 传统的串行程序却仍然很难从中受益. 这就要求在算法的编程实现上做出相应改变, 以适应硬件技术的更新发展, 从而充分利用硬件资源, 有效提升算法性能.

迄今为止, 在传统的运筹学优化领域, 使用多线程算法目前还极其罕见, 即便偶有使用, 也局限于硬件的单核时代, 并不具有并行效果, 也缺乏实用价值. 如能在算法设计上与时俱进, 提升到多核多线程上来予以实现, 将对应用领域实际问题的求解带来天翻地覆的变化. 人类进入大数据时代, 对计算机性能的利用要求也越来越高, 多核技术配以多线程策略的实施, 将会是未来优化计算, 尤其是智能优化领域的重要方向之一.

4.6.2   微处理器的发展

自从 1946 年世界上诞生了第一台电子计算机 ENIAC 以来, 半导体技术经历了硅晶体管、集成电路、超大规模集成电路、甚大规模集成电路等, 相应地, 计算机系统结构发展也从大型机、向量超级机、小型机一直到微机以及计算机机群 (集群), 其中, 已在日常工作和生活中大面积普及的微机又以微处理器的更新换代为标志.

伴随着大规模集成电路技术的迅速发展, 芯片集成密度越来越高, CPU 可以集成在一个半导体芯片上, 这种具有中央处理器功能的大规模集成电路器件, 被统称为 "微处理器". 微处理器与传统的中央处理器相比, 具有体积小、重量轻和容易模块化等优点. 其基本组成部分有: 寄存器堆、运算器、时序控制电路, 以及数据和地址总线.

一般而言, 工艺和电路技术的发展可使处理器性能提高约 20 倍, 体系结构的发展可使处理器性能提高约 4 倍, 编译技术的发展可使处理器性能提高约 1.4 倍. 如今, 这种规律性的东西已很难维持. 引领半导体市场近 40 年的 "摩尔定律", 在未来 10 年至 20 年内可能失效. 2006 年, 被称为微处理器的 "双核元年". 多核的出现, 成了技术发展和应用需求的必然产物. 而随之而来的, 则是软件编程方式从串行程序设计到并行程序设计的转变需求.

微处理器是由一片或少数几片大规模集成电路组成的 CPU, 这些电路用来执行控制部件和算术逻辑部件的功能. 微处理器是微型计算机的运算控制部分, 完成读取指令、执行指令以及与外界存储器和逻辑部件交换信息等操作, 与存储器和外围电路芯片等一起组成微型计算机.

迄今为止, CPU 按照其处理信息的字长, 依次发展出了 4 位微处理器、8 位微处理器、16 位微处理器、32 位微处理器以及 64 位微处理器. 可以说, 个人计算机的发展是随着 CPU 的发展而前进的.

微处理器发展至今, 可划分为如下六代 [60].

1. 第一代微处理器 (1971—1973 年)

字长为 4 位或 8 位的微处理器, 以 Intel 4004 及 Intel 8008 为典型. Intel 4004 是一种 4 位微处理器, 功能有限, 主要用于计算器、电动打字机、照相机、台秤、电视机等家用电器上. Intel 8008 是世界上第一种字长为 8 位的微处理器, 存储器采用 PMOS 工艺, 存储容量只有几百字节, 没有操作系统, 只有汇编语言, 主要用于工业仪表、过程控制.

2. 第二代微处理器 (1974—1977 年)

字长为 8 位的微处理器, 典型的有 Intel 8080/8085、Zilog 公司的 Z80、Motorola 公司的 M6800 等. 与第一代微处理器相比, 集成度提高了 1—4 倍, 运算速度提高了 10—15 倍, 指令系统开始完善, 并具备计算机体系结构和中断、直接存储器存取等功能. 第二代微处理器采用 NMOS 工艺, 集成度约 9000 个晶体管, 基于单用户操作系统, 采用汇编语言、BASIC 语言、Fortran 语言进行编程.

3. 第三代微处理器 (1978—1984 年)

1978 年, Intel 公司率先推出字长为 16 位的微处理器 8086, 同时, 为了方便原先的 8 位机用户, Intel 公司又提出一种准 16 位的微处理器 8088.

8086 微处理器最高主频速度为 8MHz, 具有 16 位数据通道, 内存寻址能力为 1MB. 同时, 还有与之相配合的数学协处理器 i8087, 其指令集中增加了一些专门用于数学计算的指令.

在 Intel 公司推出 8086、8088 CPU 之后, 其他公司也相继推出同类产品, 如 Zilog 公司的 Z8000 和 Motorola 公司的 M68000 等.

由于 16 位微处理器比 8 位微处理器有更大的寻址空间、更强的运算能力、更快的处理速度和更完善的指令系统, 因此, 16 位微处理器已能替代部分小型机的功能, 尤其是在单任务、单用户的系统中, 获得了广泛的应用.

1981 年, 美国 IBM 公司将 8088 芯片用于其研制的 IBM-PC 机中, 从而开创了全新的微机时代. 也正是从 8088 开始, 个人计算机 (PC) 开始在全世界范围内发展起来, 并逐渐走进了人们的工作和生活中, 标志着一个新时代的开始.

1982 年, Intel 公司在 8086 的基础上, 研制出 80286 微处理器, 其最大主频为 20MHz, 内存寻址能力为 16MB. 80286 可工作于两种方式: 实模式与保护方式. 在实模式下, 可以访问的内存限制在 1MB; 而在保护方式下, 则可直接访问 16MB 的内存.

当 IBM 公司将 80286 微处理器用在先进技术微机 (即 AT 机) 中时, 引起了极大的轰动. 第一台基于 80286 的 AT 机运行速度为 6MHz—8MHz, 并可提速至 20MHz.

4. 第四代微处理器 (1985—1992 年)

32 位微处理器诞生于 1985 年 10 月 17 日, Intel 公司推出了划时代的产品——80386DX, 含有 27.5 万个晶体管, 时频 12.5MHz, 后提高至 33MHz 甚至 40MHz, 可寻址到 4GB 内存, 并可管理 64TB 的虚拟存储空间. 由于 32 位微处理器的强大运算能力, PC 的应用扩展到了商业办公、工程设计、数据中心、个人娱乐等许多领域, 并使得 32 位 CPU 成了 PC 工业的标准.

1989 年, Intel 公司推出了显赫一时的 80486. 这款经过四年开发和 3 亿美元资金投入, 其芯片, 其伟大之处在于首次突破了 100 万个晶体管的界限, 并使用了 1μm 的制造工艺. 80486 的时频从 25MHz 逐步提高到了 50MHz, 并且将 80386 和数学协微处理器 80387 以及一个 8KB 的高速缓存都集成到了一个芯片内, 缩短了微处理器与慢速 DRAM 的等待时间. 由于技术上的一系列改进, 80486 的整体性能比带有 80387 数学协微处理器的 80386 DX 提高了 4 倍.

5. 第五代微处理器 (1993—2005 年)

Intel 公司的奔腾 (Pentium) 系列微处理器, 以及 AMD 与之兼容的 K6 系列微处理器, 通常被称为第五代.

1996 年底问世的多能奔腾 (Pentium MMX), 是继 Pentium 后的又一个成功产品. 1997 年推出的 Pentium II 处理器, 其晶体管数目达到了 750 万. 随后, Pentium III晶体管数目约为 950 万. 差不多同时期, Intel 公司还发布了 Pentium III Xeon 处理器. 2000 年推出的 Pentium 4 处理器则内建了 4200 万个晶体管, 以及采用 0.18μm 的电路, 推出初期, 其速度就高达 1.5GHz, 晶体管数目约 4200 万. 两年后, 内建超线程技术的 Intel Pentium 4 处理器频率达到了 3.2 GHz. 2005 年, Intel 推出了双核心的处理器 Pentium D 和 Pentium Extreme Edition.

6. 第六代微处理器 (2006—至今)

酷睿 (Core) 系列微处理器时代, 通常称为第六代. 这是一种新型微架构芯片, 最初是基于笔记本处理器的. 2006 年 7 月, Intel 发布跨平台的构架体系——酷睿 2(Core 2 Duo), 包括了服务器版、桌面版、移动版三大领域. 2010 年 6 月, Intel 发布了第二代 Core i3/i5/i7. 目前, Intel 的 i7-8086K 处理器已拥有 6 个内核与 12 个线程, 且可提供约 5 GHz 的单核频率.

4.6.3 多核与多线程技术

1. 多核平台上的应用软件开发

由于在多核平台上的应用软件开发中, 没有一种方法可以自动把串行程序并行化. 因此, 多核平台上的应用软件开发将在很大程度上不同于以前的软件编写思想,具体体现在: ① 设计者需要认识到底层多核的存在; ② 将软件设计成多进程或多线程; ③ 将这些进程或线程与底层的多核处理器绑定. 其中, 如何将软件分成多个进程或线程, 并有效发挥多核的性能是并行程序设计的重点.

通用计算机硬件进入多核时代之后, 对编程者最大的挑战在于: ① 由单线程编程向多线程编程过渡; ② 由单核多线程编程向多核多线程编程过渡; ③ 串行思维向并行思维的转变; ④ 分布式编程能力; ⑤ 需要更多关注硬件底层的程序设计能力.

由于 Windows 操作系统和 Linux 操作系统都支持多线程, 因此自然也可用于多核计算机.

目前, 多核并行编程的环境大致有: Windows 多线程编程、OpenMP 多线程编程、MPI 并行编程、TBB 线程构建模块 (Intel 公司)、MATLAB 并行计算工具箱 (Mathworks 公司)、MapReduce 编程模型 (Google 公司) 等.

2. 加速比性能定律

在并行计算领域中, 有个著名的加速比性能定律. 这里的加速比就是用最优串行算法的执行时间除以并行程序执行时间所得的比值, 用于准确描述程序并行化之后所获得的性能收益.

在单核 CPU 中, 对于客户端软件而言, 采用多线程的目的是创建线程将一些计算放到后台运行, 避免影响用户界面操作, 提高用户操作性能.

在多核 CPU 中, 分解多线程是让计算分配到各个 CPU 核上去执行, 线程的数量与核数有关. 如果线程数小于 CPU 核数, 必然某些核闲置, 造成加速比下降.

3. 线程与进程

所谓线程 (Thread), 指的是进程内的一个执行单元或一个可调度实体, 也被称为轻量级进程. 而进程 (Process) 是线程的容器, 既可由单个线程来执行, 即串行执行, 也可由多个线程来并行执行. 此时, 多个线程共享该进程的所有资源特征, 并可使用不同的 CPU, 对不同的数据进行处理, 从而达到提高进程执行速度的目的.

由于多任务系统下会频繁产生进程间切换, 而进程间切换又必须进行内存管理组态的切换, 这种切换会严重影响执行效能. 因此, 为避免效率损耗, 先后出现了两种技术:

1) 多线程技术

为了尽量不进行内存管理组态的切换, 避免切换的效能损耗, 可采用线程作为基本调度和分派的单位. 线程是属于进程的, 运行在进程空间内. 同一进程所产生的线程共享同一内存空间, 其本身基本不拥有系统资源, 只拥有少量在运行中必不可少的信息 (如程序计数器、一组寄存器和栈), 从而大大减少线程间切换的代价. 在单核时代, 最初的程序都是单线程运行, 但 Intel 引入的超线程技术, 使得人们还在单核时代就可领略多线程编程技术, 只不过单核处理器下的多线程是交替执行而非同时运行, 并不是真正并行地运行.

一般来说, 计算机通信的主体以进程为单位, 这些进程或运行在并行计算机上, 或运行在计算机群的某一节点上, 通过管道或网络进行通信; 而多线程通信主体则是一系列线程, 同属于一个进程管理, 各线程之间共享进程的所有内存及其全局变量. 相较于进程间通信, 多个线程间通过共享全局变量进行通信可即时访问, 在同步控制、数据交换等方面, 具有更高效率. 因此, 多线程算法最大的优势在于各线程之间通信的便利性, 适用于并发操作. 目前, 多线程思想已广泛应用于商业服务器领域, 如在线事务处理、Web 服务等, 并发挥了重要作用.

一个程序的线程表现形式一般包括: 由操作系统将程序线程作为内核级线程来实现并以此作为硬件级线程来被执行; 由应用软件创建和操作的用户级线程. 线程的各层次之间有相应接口, 这些接口大多由执行系统自己生成. 但若要很好地利用线程资源, 就必须对这些接口的工作方式加以了解.

目前的操作系统一般都支持线程机制, 以便能充分利用硬件资源来获得更高运行效率. 在支持多线程的系统中, 进程是被用来分配和保护资源的, 而线程才是被系统调度执行的基本单位. 进程所包含的资源有: 进程的内存地址空间、打开的文件等, 而属于同一个进程的多个线程则共同拥有该进程的代码段和数据段, 并实现对它们的操作. 同一进程间的各线程是相互独立同时又相互依赖的关系. 多线程编程就是将一个进程分解为多个线程, 每个线程执行进程中的一部分任务, 即每一个线程都是一个顺序的指令序列, 而各个线程间则是并行、并发、同时是异步执行的.

多线程编程模型在带来优越性的同时, 也带来了其他一些问题, 如异步和并发将导致各线程之间的资源竞争. 因此, 需要引入同步机制来弥补可能带来的出错问题, 这也是多线程编程模型需要研究的最主要问题.

2) 多核技术

多核技术将多个完整的计算引擎 (内核) 集成在一个处理器芯片中, 提供了多个可并行执行的独立处理单元.

由于单线程只能在一个处理器的一个内核上运行, 无法充分利用多核处理器的硬件资源, 因而无形中造成了资源浪费的情况. 但只要将执行的各个任务分配给各内核, 每个内核执行一个任务, 就可加快整体任务的执行效率. 多线程和多核的共同之处就在于, 它们都是定位于解决计算工作中多任务的协同性.

4.6.4　多核多线程实现示例

1. Delphi 编程示例

这里, 以大规模旅行商问题求解为例, 说明多核多线程的 Delphi 编程实现方法 [61].

旅行商问题是运筹学中经典的组合优化难题, 其一般表述为: 有一旅行商从城市 1 出发, 欲遍历其余各城市至少一次, 最后回到城市 1, 在各城市间距离已知的情况下, 应选择怎样的行走路线, 才能使总行程最短. 该问题在完全图的意义下即为最小 Hamilton 圈问题, 否则, 可通过求原问题的凸包 (用任意两个城市间的最短路长来代替原直接路长) 来加以等价转换.

针对国际标准测试库 TSPLIB 中的一些中大规模问题, 我们用 Delphi 编程语言设计了一类基于多核多线程的旅行商问题快速算法, 最大化利用多核多线程的提速效应, 在不降低求解效果的前提下, 极大地提高了求解速度. 理论上而言, 多核多线程的算法相比单核单线程的传统方式, 可提速 K 倍 (K 为 CPU 核数)(当然, 还需扣除线程间通信所必须占用的转换时间). 实验结果表明, 基于多核多线程的快速算法能在现有硬件限制条件下, 有效平衡问题规模增长与计算效率之间的矛盾, 充分发挥多核芯片的优越性能, 获得较好的求解效果.

由于对大规模问题求解而言, 即便是多项式时间级别的实用算法, 问题规模一旦变大, 则 $O\left(n^3\right)$ 阶数以上的算法已变得不再实用, 而 $O\left(n^2\right)$ 阶数或以下的算法, 效果又不尽理想, 因此, 算法执行速度和解的好坏始终是一对矛盾. 而应用多核多线程优化策略, 将算法中可能的迭代循环并行化, 可在一定程度上缓和上述矛盾, 节约计算时间, 提高计算效率.

我们的算法用 Embarcadero Delphi 在 Windows7 和 Windows10 环境下编译通过, 同时支持欧氏距离和绝对值距离 (Manhattan 距离), 以及矩阵格式数据和坐标格式数据 (支持求解超大规模问题), 可生成 32 位和 64 位可执行程序, 并分别提供了单线程和多线程的选项, 以便作运行时间的比较.

为方便起见, 主要采用了 TSPLIB 标准库中部分以欧氏坐标 (EUC_2D) 为存储格式的中大规模实例进行求解测试, 硬件平台特意选择了目前常用且配置略偏低的 CPU Intel Core i5-4310U, 逻辑处理器 4 核, 内存 8GB.

由于小规模问题求得最优解相对容易, 且多核多线程的主要优势也不体现在小问题上, 因此, 并不是测试的重点. 在计算中, 为比较多核多线程算法与传统单线程算法在运行时间上的差异, 我们先后耗费大量时间, 获得了一系列的结果. 尤其是, 还求解了若干上万规模的大型算例. 这里, 给出两个有代表性的结果:

(1) 实例 vm22775(越南 22775 个城市): 多线程迭代 10 次 (耗时 85.169s) 后, 得到回路总长 715280, 已知最优值为 569288, 偏差率 0.256.

(2) 实例 ch71009(中国 71009 个城市)：由于该问题规模过大, 我们选用了一台 8 核的 i7 计算机, 经多线程迭代 100 次 (耗时 4128.255s, 约 68.8min), 得到回路总长 5539900, 目前已知的最好结果为 4566563(真正最优解迄今未知), 偏差率 0.213.

可以看出, 这两个大型算例都是借助多核多线程方式在合理的接受区间内赢得了计算时间. 可以设想, 对上述的 ch71009 而言, 若按传统的单线程方式进行同样的求解, 所耗费的时间将增加 7—8 倍.

通过多核多线程算法, 可最大程度利用硬件资源 (图 4.15), 即充分利用空闲的 CPU 内核, 大幅缩短算法运行时间, 相较传统的单线程算法, 具有明显的优势.

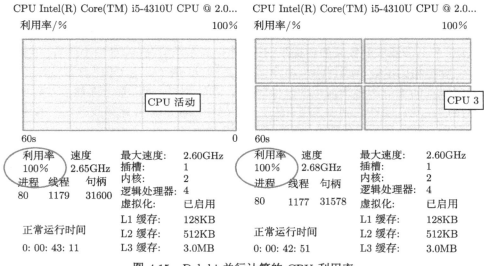

图 4.15　Delphi 并行计算的 CPU 利用率

实验中发现, 算法的真正运行时间与系统硬件环境、多核数量以及可容纳的线程数量都有关系. 参与运算的线程数越多, 越能发挥多线程计算的优势, 也越能有效平衡问题规模增长和算法计算效率 (解的效果和计算时间) 之间的矛盾.

实验中还发现, 基于多核多线程策略设计的优化算法, 在小规模问题上优势有限. 其主要原因在于, 同时参与运算的多个线程之间因通信而消耗的时间, 抵消了多线程同时运算而节省的时间, 反而不如直接使用传统的单线程算法求解来得更有效. 实际应用中, 只有当问题规模增大到一定程度, 多核多线程算法的优势才更加明显.

附: 相关源代码 (仅列出涉及多核多线程的部分)

```
//程序头
uses
  Windows, Messages, SysUtils, Variants, Classes, Controls, Forms,
    Math,
  Dialogs, StdCtrls, Vcl.Samples.Spin, CheckCPU,
  System.Threading, System.Diagnostics, System.SyncObjs;
//主程序
begin
  读入数据及初始化部分; (略)
  SW:=TStopwatch.Create; SW.Start; //秒表计时器
  if CheckBox.Checked then //单线程, 测试用
  begin
    for i:=1 to maxcount do
        MyLoop(AlgSelect,i,tweight,opt); (搜索算法子程序, 从略)
  end
  else
  begin //用TParallel.For实现的并行多线程迭代流程
    TParallel.For(1, maxcount,
        procedure(count: integer)
        begin
          MyLoop(AlgSelect,count,tweight,opt);(搜索算法子程序, 从略)
          TInterlocked.Add(tweight, 0); //锁定输出目标函数值
          TParallel.For(1, n,
              procedure(k: integer)
              begin
                TInterlocked.Add(opt[k], 0); //锁定输出回路路径
              end);
        end);
  end;
  SW.Stop; //计时器
  输出相关结果; (略)
end;
```

　　软件界面如图 4.16 所示.

图 4.16   欧氏旅行商问题并行计算软件

2. C++ 编程示例

并行程序按数据存储可分两种: 分布式内存并行和共享内存并行. 分布式内存并行技术主要有 MPI, 适合计算量需求较大, 内存需求也较大的程序, 但实例间数据传输耗时较大. 共享内存并行技术主要有本地线程类 Thread、OpenMP、PPL 和 TBB 等. 这里, 仅考虑共享内存模式下并行程序的实现.

以粒子群优化算法 (PSO) 求解函数优化问题为例, 算法种群规模为 30, 单次最大迭代次数为 4000, 独立运行 30 次. 测试函数为 $f = \sum_{i=1}^{100} x_i^2$, $-100 \leqslant x_i \leqslant 100$. 算法采用 Visual Studio 2017 编程实现, CPU 为 Intel Core TMi5-6200U, 逻辑处理器 4 核, 内存 4GB.

1) 单线程实现

PSO 类、PARTICLE 类及 PSOfun() 函数的定义从略.

```
//程序头(略)
//主程序, 数据的读取、部分变量的定义及算法执行后的清理工作(略)
{
    vector<pair<double,double*>> res;  res.reserve(MaxCount);
```

```
for (size_t i=0;i<MaxCount;i++)
  res.emplace_back(PSOfun(PartiDimen,PopSize,MaxIterCount));
```
// PSOfun函数返回最优粒子的历史最佳位置及相应的适应度值

输出相关结果;(略)

```
}
```

执行结果如下所示 (具体耗费的计算机时间与计算机的配置有关, 这里给出的时间仅供参考, 以下同):

```
Elapsed time is 303.996s.
```

2) 使用 C++ 标准库定义的线程类 Thread 实现

用 packaged_task 将一个普通的可调用函数 (线程函数) 对象打包成任务放入线程中执行, 并在主线程中通过 future 对象异步获取该任务的执行结果, 也可使用其他方法, 如通过 asyn 开启异步任务, 其原理基本相同.

```
//程序头，仅列出部分预处理指令
#include <thread>
#include <future>
#include <memory>
#include <functional>
#include <utility>
using namespace std;
//主程序，数据的读取、部分变量的定义及算法执行后的清理工作(略)
{
    vector<future<pair<double, double*>>> TheBestFit;
    TheBestFit.reserve(MaxCount);
    vector<thread> threads; threads.reserve(MaxCount);
    start = clock();
    for (size_t i=0;i<MaxCount;i++)
      {
        packaged_task<pair<double,double*>(int,int,int)> task(PSOfun);
        TheBestFit.emplace_back(task.get_future());
        threads.emplace_back(thread(move(task),PartiDimen,PopSize,MaxIt
        erCount));
      }
    for (auto&& result:TheBestFit)
      res.emplace_back(result.get());
    finish = clock();
```

输出相关结果;(略)

```
for (auto&& th:threads)
    th.join();
}
```

执行结果如下所示:

`Elapsed time is 130.298s.`

可以看到, 使用线程类 Thread 实现并行程序的计算时间明显少于单线程的运行时间.

以上示例中创建并启动了 MaxCount 个线程, 通过实验发现, 采用线程池技术, 仅启动少量的线程就可达到同样的并行效果 (算法执行时间 130.126s), 并且在程序运行过程中 CPU 的利用率更高. 使用 Thread 和 ThreadPool 程序启动后 17s 内, 所有处理器的使用百分比如图 4.17 的 (a) 和 (b) 所示.

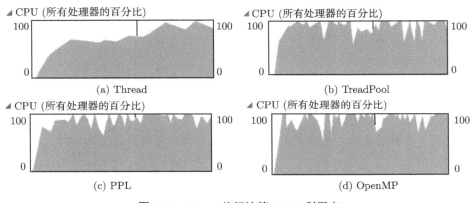

图 4.17 C++ 并行计算 CPU 利用率

3) 使用微软开发的并行计算库 PPL

PPL 是基于任务、运行于并发运行时之下的系统, 程序中每启动一个任务, 程序的任务调度器都会自动为该任务的工作函数选择合适的执行线程. 但是, PPL 中的任务不等同于线程, 和线程在程序调度方面有着很大的不同. 线程的调度优先考虑单个线程延迟的最小化, 而任务调度则更侧重于系统整体吞吐量的最大化 [62]. 使用 PPL 实现并行程序的方法有多种, 这里仅选取其中一种举例说明.

```
//程序头, 仅列出部分预处理指令
#include <ppl.h>
#include <ppltasks.h>
using namespace concurrency;
//主程序, 数据的读取、部分变量的定义及算法执行后的清理工作(略)
```

```
{
    vector<task<pair<double,double*>>> tasks;
    tasks.reserve(MaxCount);
    for (size_t j=0;j<MaxCount;j++)
      {
        function<pair<double,double*>(int,int,int)> task(PSOfun);
        tasks.emplace_back(create_task(bind(task,PartiDimen,PopSize,M
        axIterCount)));
      }
    start = clock();
    auto joinTask=when_all(begin(tasks),end(tasks)).then
    ([&finish](vector<pair<double,double*>> results)
      {
        finish= clock();
        输出相关结果;(略)
      });
    joinTask.wait();
}
```

程序启动后 17s 内所有处理器的使用百分比如图 4.17 的 (c) 所示, 最终执行结果如下所示:

```
    Elapsed time is 129.028s.
```

可以看出, 使用 PPL 实现并行程序的计算时间和线程类 Thread 的并行计算时间差不多, 但是两者都少于单线程的运行时间.

Intel 开发的 TBB 和 PPL 功能类似 (相关应用举例从略), 两者相比, TBB 具有跨平台的优势, 而 PPL 在任务调度上更为强大, 能做到任务的连续执行以及任务的组合.

4) 使用跨语言、跨平台的 CPU 并行应用编程接口 OpenMP

OpenMP 提供了对并行算法高层的抽象描述, 通过在源代码中加入专用的 pragma 来指明程序的执行意图, 由编译器自动对程序进行并行化, 并在必要之处加入同步互斥以及通信.

```
//程序头, 仅列出部分文件包含预处理指令
#include <omp.h>
//主程序, 数据的读取、部分变量的定义及算法执行后的清理工作(略)
{
    vector<pair<double,double*>> res;  res.reserve(MaxCount);
```

```
omp_set_num_threads(4);
#pragma omp parallel
#pragma omp parallel for
for (size_t i=0;i!=MaxCount;i++)
    res.emplace_back(PSOfun(PartiDimen,PopSize,MaxIterCount));
输出相关结果;(略)
}
```

程序启动后 17s 内所有处理器的使用百分比如图 4.17 的 (d) 所示, 最终执行结果如下所示:

```
Elapsed time is 130.565s.
```

可以看到, 使用 OpenMP 的并行计算时间、PPL 的并行计算时间和线程类 Thread 的并行计算时间差不多, 但三者都少于单线程的运行时间.

作为高层抽象, OpenMP 无须自己管理线程, 使用比较方便. 但对于能并行的语句块、for 循环有严格的要求, 需要避免访问冲突和循环依赖, 不适合需要复杂线程间同步和互斥的场合.

2)—4) 采用线程 (任务) 机制设计了几类基于多核多线程 PSO 算法, 将算法中彼此独立 (不存在依赖) 的迭代体分解为并行计算, 把工作分配到各闲置的处理器内核中, 具体的分配工作取决于可用内核的数量. 实验结果表明, 在现有硬件条件下, 当问题规模增大到一定程度后, 应用这种算法可以极大缩短计算时间, 提高计算效率.

每种方法内还包含若干设计模式, 每种模式都旨在帮助我们发掘程序中潜在的并行化可能, 使应用程序充分得到硬件的支持, 获得比单线程运行更好的性能. 而程序设计中使用哪种模式来提升效率, 则取决于问题的规模和问题中的数据吞吐量等.

对于共享内存并行程序, 影响效率的隐蔽原因还有缓存一致性导致的伪共享. 如果出现伪共享, 并行程序只能以内存的速度读写变量, 运行效率将大打折扣. 因此, 共享内存并行程序的设计需规划好算法对内存的访问.

3. MATLAB 编程示例

在一般的程序运行中, 循环结构往往是比较耗时的. 而相对其他高级编程语言, 由于 MATLAB 程序是解释执行的, 其循环结构耗时可能会更多. 在 MATLAB 提供的并行计算工具箱 (Parallel Computing Toolbox) 中, 可以利用关键词 parfor 对 for 循环结构进行并行化. MATLAB 在执行 parfor 循环时, 采用 client 和 worker 模式. client 是编写和启动并行程序的 MATLAB 端, 而 worker 是并行运行程序的 MATLAB 端, 每个 worker 对应的处理单元可以是处理器核或者处理器 [63]. 使用

parfor 循环时, 首先, 要求能够将原来的循环分解为相互独立的子循环; 其次, 子循环由不同的 worker 执行; 最后, 将所有 worker 的计算结果进行汇总 (图 4.18).

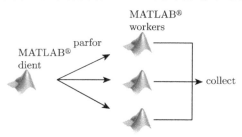

图 4.18   parfor 并行执行过程示意图

在运行 parfor 循环时, 一般先启动 MATLAB 并行计算池. 如果在程序运行中再启动 MATLAB 并行计算池会耗时较多, 降低计算速度. 直接打开并行池的方式是在命令窗口中输入 parpool, 但这种方式使用得较少, 目前常用的方式如下:

p = parpool('local',4); %选择调用 4 个核进行并行运算

如果要关闭并行池, 方法如下:

delete(p); %关闭已打开的并行池

下面, 以引力搜索算法求解函数优化为例, 给出并行程序的设计方法. 这里, 测试函数为 $f = \max_i \{|x_i|, 1 \leqslant i \leqslant 30\}, -100 \leqslant x_i \leqslant 100$. 算法的群体规模为 50, 单次最大迭代次数为 1000. 计算机硬件为 CPU Intel Core i7-6500U, 逻辑处理器 4 核, 内存 8GB. 以 GSA 表示循环主体, 给出串行和并行两种实现方法如下:

```
maxiter = 50;                    maxiter = 50
for i = 1: maxiter               parfor i = 1: maxiter
        GSA                              GSA
end                              end
```

采用 MATLAB2018a 在 Windows10 下编程实现上述算法, 由于 MATLAB 并行计算工具箱已经隐藏了多进程和多线程操作, 故而可直接利用 parfor 对 for 循环进行并行计算. 在实验时, 调用双核进行并行计算. 这里, for 循环耗时 177.372525s, 而 parfor 循环耗时 109.917668s. 在计算过程中, 这两种循环方式的 CPU 利用率如图 4.19 所示.

为进一步比较 parfor 循环和 for 循环计算时间的差异, 迭代次数 maxiter 从 1 增加到 100, 运行时间如图 4.20 所示.

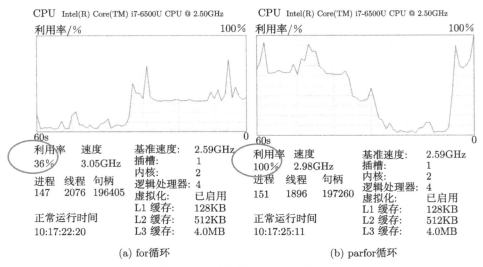

(a) for循环　　　　　　　　　　　　　　(b) parfor循环

图 4.19　两种循环 CPU 利用率

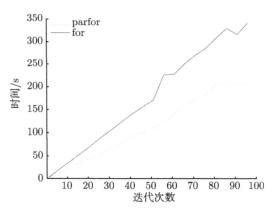

图 4.20　两种循环计算时间对比

从图 4.20 可发现, 当迭代次数 maxiter 等于 1 时, parfor 和 for 两种循环计算时间曲线有交点, 计算时间相同. 但当迭代次数增加时, parfor 循环计算时间显著减少, 通过 parfor 实现的程序并行执行提高了运行效率. 但是不能保证在任何情况下 parfor 循环的运行时间都比 for 循环时间少, 因为 parfor 在并行计算时, worker 之间需要进行数据通信, 会占用一部分计算时间. 除数据通信时间外, 并行计算的效率还与循环次数、单次循环的计算量等因素有关.

除了上述介绍的 parfor 外, SPMD(Single Program Multiple Data) 是 MATLAB 支持的另一种并行结构. SPMD 的特点是在多个 worker 上运行同一段代码来处理不同的数据. 和 parfor 相比, SPMD 的并行结构更加灵活, 但操作也更为复杂.

第5章 管理应用与政策

5.1 医疗设施选址问题

医疗服务是社会大众的基本需求, 与公众的身体健康密切相关. 而医疗服务设施布局的优劣则关系到医疗资源分配的合理性、公平性和使用效率 [64], 是基本公共资源均等化研究领域关注的重点内容.

医疗设施选址一直以来都是学术界研究的焦点, 其相关的选址理论也已得到极大发展, 并衍生出了许多优秀的选址模型以及求解方法, 在现实中获得了广泛应用. 然而, 目前的医疗设施选址问题大都集中于应急医疗设施方面, 对医院、社区卫生服务中心的选址研究不足.

这里, 我们在现有选址理论的基础上, 以最大化居民接受医疗服务的效用、提高医疗服务资源使用效率为目标, 综合运用医疗运作管理的相关理论、公共设施区位理论、选址理论、优化理论与方法, 以及 MATLAB 模拟仿真工具, 探索如何选址以使得医疗设施的效用能达到最大, 从而有效提高整个医疗系统的运作效率.

5.1.1 医疗设施层级选址问题

随着经济的持续发展和生活水平的不断提高, 人们的需求也产生了层次性. 医疗服务设施作为一种特殊的公共服务设施, 当然也具有层次性. 目前, 我国医院按照任务和功能的不同, 可以分为一级、二级、三级医院 [35], 并且这些医院在医疗服务功能上具有重叠性. 那些高等级医院的医疗服务设施除具备低等级医院医疗服务的全部功能外, 还能提供特有的服务. 例如, 三级医院具备社区医院的所有功能, 并且三级医院所提供的部分医疗服务是社区医院所不能提供的.

在现实生活中, 患者可以依据自身情况, 自行选择到不同等级的医院进行诊疗, 且由于存在转诊服务, 患者可以从低等级的医院转诊到高等级医院进行治疗. 因此, 医疗设施系统具有多样流的特征. 一般情况下, 这可以看作是一个多样流的嵌套层级系统, 包括: 需求点、地方性的诊所、普通医院和区域性医院等 [65]. 多样流可以从任何层次的设施开始, 依次或者间断地到达高于初始层次的任何层级的设施, 如图 5.1 所示.

我国城乡居民对医疗服务的需求量越来越高, 使得隐含在医疗服务体系中的矛盾越来越突出, 患者就医行为体现出严重的趋高就医特性. 这种就医模式使得大医院的医疗服务资源超负荷运转, 而中小型医院、社区卫生医院的医疗服务资源处于闲置状态, 没有起到对患者流的分流作用, 造成了大医院医疗服务资源紧张的现象. 患者就诊时一号难求的境况给人们的生活造成了极大困扰, 引起了社会的普遍不满. 例如, 2017 年南京市综合医院门诊量占门诊总量比例近 70%, 患者基层首诊率依旧不高; 社区卫生服务机构床位使用率不到 50%, 没有很好地分流患者. 有研究表明, 将近 70% 的三级医院门诊患者可分流至基层医疗机构进行诊疗. 相关调查显示: 如果医疗卫生服务的供给方式得不到有效改善, 到 2030 年, 医疗卫生费用将占国内生产总值的 24%; 若能采取有效措施加强社区预防保健, 则可将费用控制在 13%; 若能完善社区医疗服务体系, 则可将费用控制在 15%; 若二者同时得到改善, 则可将费用控制在 8.8% 左右.

需求点　　　第一层级设施　　　第二层级设施　　　　　　　第 k 层级设施

图 5.1　多样流嵌套型层级系统

　　基层医疗服务资源使用效率的低下, 使得医疗系统整体运作效率受到极大影响, 基层医疗机构的功能没有得到有效发挥, 患者流向严重失衡. 若医疗设施在选址时没有将患者择医就诊的多样流考虑在内, 则选址结果将会与预期有较大的差别, 难以有效利用基层医疗服务资源以达到缓减大医院医疗服务资源压力的作用.

　　这里, 我们研究两层体系结构下的医疗设施选址问题, 并考虑了不同等级医疗设施下居民就诊的多样流行为, 以期通过科学合理的选址来提高整个医疗系统的效率.

5.1.2　模型建立

　　两层医疗体系是未来主要的发展趋势, 且得到了政府的大力支持和推广. 基于此, 考虑择医行为的医疗设施层次选址模型将两层医疗体系为基本研究背景, 并将两层医疗体系下居民的择医行为融合到层次选址模型中, 同时兼顾医疗系统的效率与公平, 通过三级医院与社区卫生医院的联合选址布局, 提高医疗设施的可及性, 优化区域医疗系统的整体效益.

　　为了更好地贴近现实情况, 并方便模型建立与求解, 设定如下假设:

　　(1) 医疗体系分为两层结构, 即三级医院与社区卫生服务中心, 由于二级医院正逐步改制, 因此不考虑二级医院的选址;

(2) 两层医疗体系为功能嵌套型医疗设施, 即三级医院拥有社区卫生服务中心的所有功能, 并且还可提供特有的医疗服务;

(3) 社区居民的医疗需求分为两层, 即基本医疗需求与特殊医疗需求, 前者可到三级医院或社区卫生服务中心寻求医疗服务, 后者只能到三级医院就诊;

(4) 同层级医疗设施是同质的;

(5) 不同医疗设施具有一定的容量限制;

(6) 一个需求点的居民医疗需求可由多个医疗设施提供医疗服务.

设 $I = \{1, 2, \cdots, m\}$ 为需求点的集合, 共有 m 个需求点; $T = \{1, 2\}$ 为医疗设施的层级 (或居民医疗需求水平) 的集合; n_t 为第 $t(t \in T)$ 层级医疗设施候选点个数; $J_t = \{1, 2, \cdots, n_t\}$ 为第 $t(t \in T)$ 层级医疗设施候选点集合. 选址模型的目的为: 在 J_t 中选择 p_t 个第 t 层级设施作为服务设施.

定义变量如下:

$$x_{jt} = \begin{cases} 1, & \text{第 } t \text{ 层级候选设施 } j \text{ 被选中设立} \\ 0, & \text{否则} \end{cases}$$

y_{ijt}: 需求点 i 与第 t 层级设施 j 之间的流动人数;

z_{jskt}: 第 s 层级设施 j 向第 t 层级设施 k 转诊的人数 $(t > s)$;

其他参数定义如下:

w_i: 需求点 i 处的人口数;

r_{jskt}: 第 s 层级设施 j 向第 t 层级设施 k 转诊的单位流动费用 (元/人);

f_{jt}: 第 t 层级设施 j 的建设维护成本 (元);

θ_{ist}: 需求点 i 需要第 s 层级医疗服务的患者首选第 t 层级设施服务的比例

$$\left(t \geqslant s, \sum_{\substack{t \in T \\ t \geqslant s}} \theta_{ist} = 1 \right)$$

β_{jst}: 被第 s 层级设施 j 服务后的患者需转诊到第 t 层级设施的比例 $(t > s)$;

μ_{it}: 需求点 i 的居民需要第 t 层级医疗服务的概率;

c_{jt}: 第 t 层级设施 j 的容量.

基于上述假设及变量与参数定义, 可得如下医疗设施层级选址模型:

$$\min \sum_{t \in T} \sum_{j \in J_t} f_{jt} x_{jt} + \sum_{i \in I} \sum_{t \in T} \sum_{j \in J_t} d_{ijt} y_{ijt} + \sum_{s \in T} \sum_{j \in J_s} \sum_{\substack{t \in T \\ t > s}} \sum_{k \in J_k} r_{jskt} z_{jskt} \tag{5.1}$$

$$\text{s.t.} \quad \sum_{j \in J_t} y_{ijt} = \sum_{\substack{s \in T \\ s \leqslant t}} \theta_{ist} \mu_{is} w_i, \quad \forall i \in I, \ \forall t \in T \tag{5.2}$$

$$\sum_{\substack{t \in T \\ s < t}} \sum_{k \in J_t} z_{jskt} = \sum_{\substack{t \in T \\ s < t}} \beta_{jst} \sum_{i \in I} y_{ijs}, \ \forall s \in T, \ \forall j \in J_s \tag{5.3}$$

$$\sum_{i \in I} y_{ijt} + \sum_{\substack{s \in T \\ s < t}} \sum_{k \in J_s} z_{jskt} \leqslant c_{jt} x_{jt}, \ \forall t \in T, \ \forall j \in J_t \tag{5.4}$$

$$\sum_{j \in J_t} x_{jt} = p_t, \ \forall t \in T \tag{5.5}$$

$$x_{jt} \in \{0,1\}, \ \forall t \in T, \ \forall j \in J_t \tag{5.6}$$

$$y_{ijt} \geqslant 0 \text{ 且为整数}, \ \forall i \in I, \ \forall t \in T, \ \forall j \in J_t \tag{5.7}$$

$$z_{jskt} \geqslant 0 \text{ 且为整数}, \ \forall s \in T, \ \forall j \in J_s, \ \forall t \in T \text{ 且 } t > s, \ \forall k \in J_t \tag{5.8}$$

其中, 目标函数 (5.1) 表示最小化总成本, 包括不同层级医疗设施的建设维护成本、需求点与医疗设施之间及不同层级医疗设施之间的流动成本; 约束条件 (5.2) 表示第 t 层级的所有设施直接为需求点 i 提供服务的总人数 (不包括从低层级设施转诊而来的患者); 约束条件 (5.3) 表示由第 s 层级设施 j 服务后的患者需要转诊到第 $t(t > s)$ 层级设施的人数; 约束条件 (5.4) 为第 t 层级设施 j 的容量限制, 并确保只有开放的设施才能提供医疗服务; 约束条件 (5.5) 确定了第 t 层级所建立设施数量; 约束 (5.6)—(5.8) 为决策变量取值范围.

5.1.3   模型求解

上述层级医疗设施选址模型属线性整数规划问题, 在数据量较大时, 一般优化工具在有限计算时间内难以得到最优解. 因此, 我们利用启发式算法与优化软件 CPLEX 相结合的方法对该模型进行求解.

由第 4 章可知, 禁忌搜索算法是局部邻域搜索的一种扩展, 其用途广泛且鲁棒性强, 在求解组合优化问题时具有一定的优势. 此外, 这里所构建的层级医疗设施选址模型中所涉及的选址变量 x_{jt} 为 0-1 变量, 在禁忌搜索算法的编码过程中较为方便易行. 因此, 我们利用禁忌搜索算法来求解模型 (5.1)—(5.8).

1. 算法步骤

算法首先在编码方案的基础上, 按候选点规模、候选点等级及初始解的产生方式来生成选址变量 x_{jt} 的初始编码 (又称当前解), 然后在当前解的邻域中确定若干满足容量限制 c_{jt} 及设立设施数量 p_t 的候选解. 若最佳候选解的适应度值优于当前最优状态, 则忽视其禁忌特性, 用其替代当前解及最佳状态, 并将相应的对象加入禁忌表, 同时修改禁忌表中各对象的任期; 若不存在上述候选解, 则在候选解中选择非禁忌的最佳状态为新的当前解, 而无视它与当前解的优劣, 同时将相应的对象加入禁忌表, 并修改禁忌表中各对象的任期; 如此重复上述迭代搜索过程, 直至满足停止准则.

具体算法步骤如下所述:

第 1 步　设定选址模型中的参数及算法参数, 如需求点数目、不同层级设施候选点数目、不同层级设施候选点、禁忌长度及迭代次数等.

第 2 步　产生初始解 x_{jt}: 按需求点规模、候选点规模、候选点等级及编码方式产生初始解, 并置禁忌表为空.

第 3 步　若算法终止条件满足, 则结束迭代并输出优化结果; 否则, 转第 4 步.

第 4 步　利用当前解 x_{jt} 的邻域函数产生若干满足容量限制 c_{jt} 及设施数量 p_t 的候选解.

第 5 步　若满足候选解判断藐视准则, 则用满足藐视准则适应度值最佳的候选解 x'_{jt} 替代 x_{jt} 成为新的当前解, 并用与 x'_{jt} 对应的禁忌对象替换最早进入禁忌表的禁忌对象, 转第 3 步; 否则, 转第 6 步.

第 6 步　判断候选解对应的各对象禁忌属性, 选择候选解集中非禁忌对象对应的最佳状态为新的当前解, 同时, 用与之对应的禁忌对象替换最早进入禁忌表的禁忌对象元素, 并转第 3 步.

2. 算法实现

可以看到, 编码方式、初始解产生、邻域结构、禁忌表及禁忌长度、藐视准则、适应度函数的计算方法等因素构成了上述算法的关键. 下面, 我们逐个予以说明.

第一是编码方式. 根据层级选址模型的特征, 我们采用 0-1 编码, 且编码长度为各层级候选设施点的数量之和, 即 $\sum_{t \in T} n_t$. 例如, 第一、二层级的候选设施个数分别为 7 和 8, 并要求第一层级开放 3 个设施, 第二层级开放 4 个设施, 则解的编码长度为 15, 且第一层级设施的编码排列在第二层级设施编码之前. 当某一个位置上的值为 1, 则该位置表示的第一层级或者第二层级设施开放, 否则关闭. 如图 5.2 所示, 第一层级开放第一、三和五层级设施, 第二层级开放第二、四、五和八层级设施.

$$(1 \quad 0 \quad 1 \quad 0 \quad 0 \quad 1 \quad 0 \quad 0 \qquad 0 \quad 1 \quad 0 \quad 1 \quad 1 \quad 0 \quad 0 \quad 1)$$

　　　　　第一层级设施编码　　　　　　　　　第二层级设施编码

图 5.2　编码方式

第二是初始解的产生. 为能有效提升初始解质量, 我们利用成本效益标准策略决定建造哪些设施. 将固定成本和流动成本考虑在一起, 设施的成本效益被定义为设施的固定成本与流动成本之和与存储容量的比率. 结合所给参数, 对第一层级的

设施 $j \in J_1$, 成本效益值表示为公式 (5.9); 对第二层级的设施 $k \in J_2$, 成本效益值表示为公式 (5.10); 分别选择每个层级成本效益值最低的前几个设施开放. 若产生容量不满足总需求的不可行解, 则利用邻域解产生方式来确定邻域解, 在产生的邻域解中选一个满足容量限制的可行解, 即为初始解.

$$\frac{f_j + \sum_{i \in I} d_{ij1}}{c_{j1}}, \quad j \in J_1 \tag{5.9}$$

$$\frac{f_k + \sum_{i \in I} d_{ik2} + \sum_{j \in J_1} r_{j1k2}}{c_{k2}}, \quad k \in J_2 \tag{5.10}$$

第三是邻域结构. 对当前解作邻域搜索时, 可从开放设施中随机选定一个, 将其关闭; 从未开放设施中随机选择一个, 将其开放, 从而构成一个邻域解. 由于两层设施选址的特殊性, 需要对当前解中的每个层级分别执行以上操作. 对第一层级而言, 每个当前解对应 $p_1 \times (n_1 - p_1)$ 个邻域解; 对第二层级而言, 每个当前解对应 $p_2 \times (n_2 - p_2)$ 个邻域解. 将两个层级的邻域解进行组合, 可产生 $p_1 \times (n_1 - p_1) \times p_2 \times (n_2 - p_2)$ 个不同的候选解; 为保证邻域解质量, 利用成本效益标准来选取最低的前若干个候选解, 最后从已选候选解中除去总容量不满足总需求的解, 剩余解即为最终产生的邻域解.

第四是禁忌表及禁忌长度. 禁忌的目的是尽量避免迂回搜索而多探索一些有效的区域. 在两层级设施选址问题中, 当前解与其邻域解相比, 每层级均有一个不同的开放设施, 这里将其作为禁忌对象列入禁忌列表. 例如, 禁忌任期为 2, 当前禁忌列表为 $[(2, 6), (3, 9)]$, 若此时新的禁忌对象为 $(4, 7)$, 则禁忌列表更新为 $[(3, 9), (4, 7)]$. 而禁忌长度是被禁对象不允许被选取的迭代步数, 禁忌长度过短会导致搜索过程中出现循环, 过长则会导致过多禁忌, 降低搜索效率. 具体求解中, 可根据实验测试确定禁忌长度.

第五是藐视准则. 在迭代过程中, 会出现候选解集中的全部对象都被禁忌或有某一对象被禁, 此时, 需采用藐视准则使禁忌对象被解禁, 以实现更高效的优化. 为操作方便, 这里采用基于适应度值的准则. 若某个禁忌候选解的适应度值优于当前最佳解, 则将其解禁, 并更新当前解及最佳解.

第六是适应度函数的计算方法. 层级选址模型 (5.1)—(5.8) 中的选址变量 x_{ji} 确定后, 模型的约束条件及决策变量个数都得到一定减少, 此时可利用现有优化软件对缩减后的模型进行求解. 这里, 在禁忌搜索过程中, 我们利用 CPLEX 软件求解缩减后的模型, 从而得到整数变量 y_{ijt} 和 z_{jskt} 的值, 并将原模型的目标函数值作为选址变量 x_{ji}(当前解) 的适应度值. 适应度值越优 (小), 则解的质量越高.

5.1.4 算例分析

选择南京市鼓楼区社区卫生服务机构以及三级综合医院作为研究主体, 相关数据来自政府官网及各医院官网, 其中, 各级医疗设施分布如图 5.3 所示.

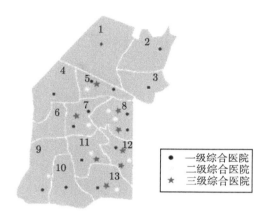

图 5.3 南京市鼓楼区医疗设施分布图

由图 5.3 可知, 该区的 13 个街道中, 街道 5, 7, 8, 12 医疗资源较充足, 拥有四至五个医疗机构; 街道 11, 13 的医疗资源配置量相对较低, 都拥有三个医院; 街道 1, 2, 3, 4, 6, 9, 10 医疗资源少于其他街道. 因此, 对该区域医疗设施选址布局进行科学规划, 改善医疗设施分布状况, 有助于提高其医疗资源的配置水平.

可将该区的 13 个街道看作 13 个需求点, 其几何中心视为人口中心. 根据《南京市 "十三五" 卫生与健康暨现代医疗卫生体系建设规划》(简称《规划》) 中对床位的规定标准: 每千人配备 6.5 张床位, 可将每个街道的居住人口量换算成所需床位量并作为需求点的需求量, 具体信息如表 5.1 所示. 此外, 考虑到居民出行情况, 以欧氏距离作为需求点与设施点的距离不太符合实际情况, 因此, 我们在此处按百度地图规划得到居民的出行路线.

表 5.1 需求点及其需求量

需求点编号	人口量/万人	需求量	需求点编号	人口量/万人	需求量
1	9.57	622	8	14.53	944
2	4.41	287	9	12.93	840
3	7.78	505	10	11.91	774
4	7.52	489	11	14.7	957
5	5.72	372	12	10.58	688
6	7.85	510	13	12.29	799
7	9.52	619			

　　选择该区基层社区卫生服务机构作为第一层级候选设施点, 包括社区卫生服务中心、社区卫生服务站. 考虑到街道 1, 2, 3, 6 等的医疗资源相对匮乏, 新增该区域的卫生服务站和社区卫生服务中心延伸点作为候选点, 最终得到 26 个设施候选点, 候选点分布如图 5.4 所示. 将床位数作为候选点的容量, 候选点设施的固定成本按其床位数确定, 平均每个床位占地 30m², 对应建造成本为 2000 元/m², 第一层级候选点的容量如表 5.2 所示.

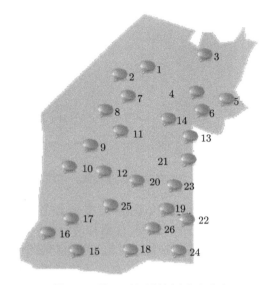

图 5.4　第一层级设施候选点分布

表 5.2　社区卫生服务中心候选点容量　　　　　　　　　　(单位: 床位数)

序号	容量	序号	容量
1	78	14	68
2	85	15	120
3	102	16	85
4	110	17	100
5	128	18	95
6	68	19	89
7	93	20	85
8	110	21	102
9	85	22	102
10	102	23	110
11	85	24	102
12	108	25	85
13	60	26	99

选择该区二级及以上综合医院作为第二层级设施候选点, 最终得到 10 个满足硬件设施要求的综合医院, 候选点设施分布如图 5.5 所示. 每个候选点的固定成本按该设施的床位数确定, 平均每个床位占地 45m², 对应建造成本为 2000 元/m². 第二层级候选点的需求量如表 5.3 所示.

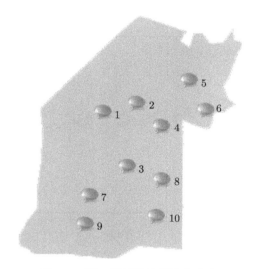

图 5.5 第二层级设施候选点分布

表 5.3 三级医院候选点容量 (单位: 床位数)

序号	容量	序号	容量
1	720	6	768
2	756	7	720
3	660	8	800
4	780	9	720
5	600	10	1020

按《南京市 2018—2020 年医疗卫生服务体系规划》关于基层医疗卫生机构设置的规定, 社区卫生服务机构按每新增 5 万—10 万居住人口增设 1 家社区卫生服务中心或分中心. 根据第六次人口普查, 该区常住人口数为 129.32 万, 应在该区设立 13 个社区卫生服务中心.《规划》明确指出: 按每 30 万—50 万人口设立 1 家三级医院, 因此应在该区建立 3 个三级医院.

第五次国家卫生服务调查分析报告指出: 目前居民两周内患病首选基层医疗设施比例为 0.55; 居民两周慢性病患病率为 18.6%. 此外, 相关研究数据表明: 居民一般疑难杂症的患病率为 13%; 患者在基层平均出院率为 89%. 由此, 我们将模型中患者首选第一层级设施的比例 θ_{i11} 定为 0.55, 需求点居民需要基础和第二层级医疗服务的患病率 μ_{is} 分别定为 0.186 和 0.13, 被第 s 层级设施 j 服务后的患者需转诊到第 t 层级设施的比例 β_{jst} 定为 0.1.

算法用 MATLAB 编程实现, 最大迭代次数 Gmax 设定为 50, 并对不同禁忌长度下的求解结果进行对比 (图 5.6). 实验发现, 禁忌长度为 10 时的总体迭代次数最少, 运行结果最好.

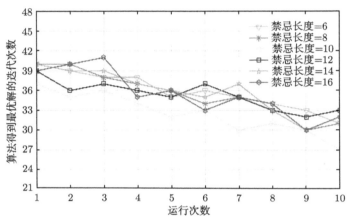

图 5.6   不同禁忌长度下的算法迭代情况

1. 参数 θ_{i11} 对选址方案的影响

用式 (5.11) 表示患者至第一层级设施的总流量 total_flow1. θ_{i11} 选取不同的值可以得出不同的决策方案和总成本 Z 及 total_flow1, 效果如图 5.7 所示.

$$\text{total\_flow1} = \theta_{i11} \cdot \mu_{i1} \cdot w_i \tag{5.11}$$

当 θ_{i11} 为 0 时, 模型 (5.1)—(5.8) 为传统的选址模型, 此时的决策完全不考虑第一层级的社区卫生服务中心, 患者全部流向第二层级的三级医院; 当 θ_{i11} 趋于 1 时, 患者集中于第一层级医疗设施. 针对以上两种情形, 有限的设施容量满足不了对应规模的需求, 无法解出结果. 由图 5.7 可知, 当 θ_{i11} 值较低时, 基层医院资源闲置, 患者大量流向三级医院. 而随着 θ_{i11} 值增加, 总成本也随之降低, 患者可根据自身需要来合理选择医院就医, 医疗资源能够得到较好的利用. θ 为 0.55 左右时, 总成本最小, 表明在现有的患者首选基层医疗设施比例下优化设施布局后产生的费用最低; 随后, 总成本小幅度升高. 图 5.7 表明了考虑两个层级医疗设施后总成本以及患者前往第一层级医疗设施总流量的变化情况.

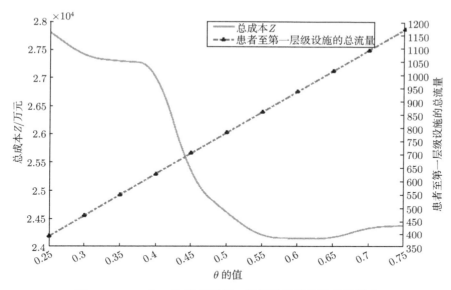

图 5.7 θ_{i11} 对 Z 和患者至第一层级设施的总流量的影响

2. 参数 $\theta_{i11} = 0.55$ 时的选址方案

当 θ_{i11} 为 0.55 时, 算法求解结果为: 第一层级开放设施 {1, 2, 6, 7, 9, 11, 13, 14, 16, 18, 19, 20, 25}; 第二层级开放设施 {3,5,7}, 总成本为 24172.31 万元. 利用 CPLEX 计算可得需求点至两个层级以及两层级之间的患者流动量, 如表 5.4 所示. 在患者流动成本最低的情况下, 即出行较为便捷的情况下, 患者可就近前往周边社区卫生服务中心或三级医院进行诊疗. 在 "分级诊疗" 政策引导下, 转诊过程中第一层级患者能够流向指定对口第二层级医疗设施.

表 5.4 患者前往设施及数量

三种流向	患者就诊设施及数量
患者 → 第一层 级设施	1→2(64); 2→1(29); 3→6(52); 4→7(47)、11(3); 5→7(38); 6→9(52); 7→11(82); 8→14(63); 9→16(85); 25(12); 10→18(82)、25(4); 11→19(32)、20(47); 12→20(38)、 13(60); 13→18(13)、19(57)
患者 → 第二层 级设施	1→5(133); 2→5(61); 3→5(108); 4→3(104); 5→3(98)、5(81); 6→3(109); 7→3(170); 8→3(132); 9→7(202); 10→7(179); 11→7(165); 12→3(21)、5(183); 13→7(147)
第一层 级患者 → 第二层 级设施	1→5(3); 2→5(6); 6→5(5); 7→5(8); 9→3(5); 11→3(9); 13→5(6); 14→5(6); 16→7(8); 18→3(3)、7(7); 19→7(10); 20→3(9); 25→7(2)

比较模型求解结果与现状设施布局可知: ① 现有设施分布不均匀地进行调整, 优化后的第一层级卫生服务中心较均匀地分布在各街道; ② 对某些街道原有社区卫生服务中心位置不合理的情况做出调整, 使周边居民的出行便捷性得到改善, 公平性显著提高; ③ 优化布局后的病床使用率得到大幅提高, 基层医疗设施闲置的情况得以有效缓解, 医疗资源得到充分利用.

3. 参数 $\theta_{i11} = 0.7$ 时的选址方案

根据分级诊疗试点工作考核评价标准, 居民首选基层医疗卫生机构的比例应大于 70%, 因此, 可令 $\theta_{i11} = 0.7$. 对模型进行求解得: 第一层级开放设施为 {1, 2, 5, 6, 9, 11, 13, 14, 16, 18, 19, 20, 25}, 第二层级开放设施为 {3, 5, 7}, 总成本为 24367.34 万元. 首选社区卫生服务中心比例的提高在一定程度上导致了成本的增加, 但对分流患者、落实 "基层首诊、双向转诊" 的政策奠定了基础. 因此, 要达到分级诊疗标准以及 "小病进社区, 大病进医院" 的目标, 政府应着重提高社区卫生服务中心的服务质量, 吸引更多的患者在基层医疗机构就近就医, 给患者提供更全面的病情观察与转诊建议.

经计算可知, 此时第一层级社区卫生服务中心平均病床使用率为 99%, 基础医疗设施使用率达到了新高; 三级医院的平均病床使用率为 80%, 较之前有所下降, 但此时的三级医院已能为转诊率的提升保留一定的需求空间.

图 5.8 为两种参数的优化设施分布, 其中, 第一层级社区卫生服务中心选址结

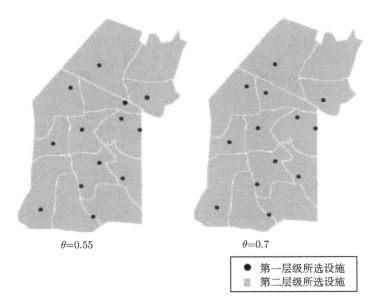

$\theta = 0.55$　　　　　　　　　　$\theta = 0.7$

● 第一层级所选设施
▓ 第二层级所选设施

图 5.8　参数 θ_{i11} 两种取值下的选址方案

果大体一致, 街道 9 开放的设施由 7 变为 5, 但通过 CPLEX 求解后社区卫生服务中心服务的街道及患者数均发生变化. 而 θ_{i11} 为 0.7 时, 三级医院辐射范围更为广泛, 分布在需求量集中的热点区域, 空间布局更加合理.

合理布局不同等级的医疗设施可以更好地满足人们的医疗需求, 提高医疗资源利用率. 然而, 由于居民的择医行为具有很强的自主性 (在模型 (5.1)—(5.8) 中, θ_{ist} 体现了患者自主择医的情况), 单纯依赖优化医疗设施布局并不能完全达到理想效果. 若政府采用相关政策引导并加大相应资源投入力度等配套措施, 将会起到十分重要的辅助作用, 并对实现"小病进社区, 大病进医院"提供关键保障. 因此, 政府可建立相应的引导政策, 如适当降低社区医疗服务中心的服务价格, 提高社区医疗服务中心的硬件环境及服务水平, 促进居民向附近的社区卫生服务机构流动, 真正将社区医疗资源利用起来, 减轻医院的压力, 提高整体医疗资源的使用效率.

5.2 给定应急限期条件的消防设施多目标选址问题

在我国的绝大多数城市中, 火灾已成为威胁居民生命财产安全最危险的因素之一. 以 2018 年 1 月至 8 月我国的火灾统计资料为例, 全国共接报火灾 16.61 万起, 亡 933 人, 伤 560 人, 直接财产损失 20.53 亿元. 如果能在火灾没有造成巨大危害之前及时有效地控制火势, 就可极大地减少火灾所造成的损失.

消防设施作为消防机构的一线重要基础公共设施, 承担着保护辖区消防安全的任务, 被要求在接受指令后能及时派出消防车进行救援. 在 2015 年出台的《城市消防规划规范》中, 进一步强调了消防设施建设的规范性和消防设施布局的合理性. 对于一个具体建筑物子系统, 火灾损失的变化大都与火灾的持续时间相关. 通常情况下, 当火灾持续时间非常短时, 火情可以控制, 火灾造成的损失将比较小. 因此, 当火灾发生时, 通常希望消防设施能够在最短时间内到达救援地点进行火灾扑救和抢险救援等. 于是, 科学合理的消防设施选址布局能够在最大程度上发挥安全保障作用, 也可节约消防设施的建设费用, 为城市的高质量发展提供支撑.

在文献 [66, 67] 基础上, 我们将首先在考虑给定期限条件下, 给出单个消防设施最长应急到达时间最短和总建设成本最低的多目标选址模型, 然后构建基于元胞蚁群优化算法的求解方法, 最后进行实证研究.

5.2.1 给定限期条件下消防设施多目标选址模型

1. 问题描述

已知消防设施备选点和可能的应急点, 以及每个消防设施候选点到应急点的最短时间. 考虑到不同应急点建筑物的特点, 规定每个应急点所允许的应急限制期限. 在给定应急期限条件下, 一方面尽可能使得单个消防设施最长应急到达时间最少;

另一方面使得消防设施建设总费用最低.

2. 模型构建

令 $S = \{S_1, S_2, \cdots, S_n\}$ 为备选的消防设施点组成的集合, $E = \{E_1, E_2, \cdots, E_m\}$ 为所有可能的应急地点组成的集合. t_{ij} 为从候选的消防设施点 $S_j(j = 1, 2, \cdots, n)$ 到达应急点 $E_i(i = 1, 2, \cdots, m)$ 所需要的最短时间. t_i 为应急地点 E_i 所要求的应急限制期限. c_i 为设置候选点 S_i 为消防设施点的费用.

对任意的 $E_i \in E$, 令 $N_i = \{j | t_{ij} \leqslant t_i\}$ 表示可供应急点 E_i 的服务集.

由于应急点发生火灾的程度不同, 故而需要提供应急服务的消防设施数量也不同. 由此, 可规定第 i 个应急点 E_i 发生火灾时, 至少有 b_i 个消防设施能够在规定的应急期限 t_i 下到达 E_i 进行救援.

综上所述, 给出给定限期条件下消防设施多目标选址模型如下:

$$\min f_1 = \max_{i,j} \{x_j t_{ij}\}$$

$$\min f_2 = \sum_{j=1}^{n} c_j x_j$$

$$\text{s.t.} \quad \sum_{j \in N_i} x_j \geqslant b_i$$

$$\begin{cases} x_j = 1, & \text{第 } j \text{ 个备选消防设施被选中} \\ x_j = 0, & \text{否则} \end{cases}$$

为求解上述模型, 结合消防设施选址问题的特征, 定义矩阵 $A = (a_{ij})_{m \times n}$, 当 $t_{ij} > t_i$ 时, $a_{ij} = 0$; 当 $t_{ij} \leqslant t_i$ 时, $a_{ij} = 1$.

上述模型可转换为以下形式:

$$\min f_1 = \max_{i,j} \{x_j t_{ij}\} \tag{5.12}$$

$$\min f_2 = \sum_{j=1}^{n} c_j x_j \tag{5.13}$$

$$\text{s.t.} \quad \sum_{j=1}^{n} a_{ij} x_j \geqslant b_i \tag{5.14}$$

$$\begin{cases} x_j = 1, & \text{第 } j \text{ 个备选消防设施被选中} \\ x_j = 0, & \text{否则} \end{cases} \tag{5.15}$$

其中, 式 (5.12) 和 (5.13) 为两个目标函数, 分别表示单个消防设施最长应急到达时间最少和消防设施建设总成本最低; 式 (5.14) 表示第 i 个应急点 E_i 发生火灾时, 至少有 b_i 个消防设施能够提供救援服务; 式 (5.15) 为决策变量取值范围限制.

如果只考虑第二个目标函数, 那么该消防设施选址模型属于集合覆盖模型. 而集合覆盖模型是 NP 难题. 这里给出的给定限期条件下消防设施多目标选址模型是集合覆盖模型的一种扩展形式, 也属于 NP 难题. 而如何求解 NP 难题则一直是运筹学和计算机科学等领域的研究热点. 下面, 将给出一种元胞蚁群优化算法的求解策略[68].

5.2.2 元胞蚁群优化算法

在求解给定限期条件下消防设施多目标选址模型时, 采用罚函数的方法, 将约束条件转化到两个目标函数中, 从而可将问题转化为无约束形式. 这里, 采用和形式的罚函数.

由于多个目标的存在, 通常情况下使所有目标同时达到最佳的最优解往往不存在. 假设共有 k 个最小化目标, Z_i 表示第 i 个目标, D 表示定义域, 相关多目标优化的基本概念如下.

定义 5.1 (Pareto 占优)　设有决策变量 X_1, X_2 且 $X_1 \in D, X_2 \in D$. 若 $\forall i \in \{1, 2, \cdots, k\}$, 有 $Z_i(X_1) \leqslant Z_i(X_2)$ 且其中至少有一个不等式严格成立, 则称 X_1 比 X_2 占优.

定义 5.2 (Pareto 解)　若 $X^* \in D$, 且 D 中不存在比 X^* 更优越的解 X, 则称 X^* 是多目标优化的一个 Pareto 解, 亦称非劣解或有效解.

定义 5.3 (Pareto 解集)　对于一个给定的多目标优化问题的所有 Pareto 解构成 Pareto 解集.

这里, 我们在第 4 章蚁群优化算法的基础上, 结合元胞自动机思想给出一种元胞蚁群优化算法的求解方法.

元胞自动机最早由冯·诺伊曼提出, 是一种在时间、空间、状态上都离散的动力学模型, 用大量元胞的并行演化来模拟复杂结构和过程. 元胞自动机具有结构简单、相互作用的局部性、易并行运算等特点, 并表现出复杂的全局特性等优点, 在混沌与分形、图像处理、智能材料、机器学习等方面有着广泛的应用.

设 d 代表空间维数, k 代表元胞的状态, 并在一个有限集合 S 中取值, r 代表元胞的邻居半径. Z 是整数集, 表示一维空间, t 代表时间. 为叙述和理解上简单起见, 在一维空间上考虑元胞自动机, 即假定 $d=1$. 那么, 整个元胞空间就是在一维空间上. 将整数集 Z 上的状态集 S 的分布记为 S^Z, 于是, 元胞自动机的动态演化就是在时间上状态组合的变化, 可记为

$$F : S_t^Z \to S_{t+1}^Z$$

这个动态演化又由各元胞的局部演化规则 f 所决定, 该局部函数 f 通常又被称为局部规则.

对于一维空间, 元胞及其邻居可以记为 S^{2r+1}, 局部函数则可以记为

$$f : S_t^{2r+1} \to S_{t+1}$$

对于局部规则 f 而言, 函数的输入集、输出集均为有限集合, 它实际上是一个有限的参照表.

对元胞空间内的元胞, 独立施加上述局部函数, 则可得到全局演化:

$$F\left(c_{t+1}^i\right) = f\left(c_t^{i-r}, \cdots, c_t^i, \cdots, c_t^{i+r}\right)$$

这里, c_t^i 表示在位置 i 处的元胞处于 t 时刻的状态. 至此, 就得到了一个元胞自动机模型.

元胞自动机最基本的组成有元胞、元胞空间、邻居及规则四部分, 即元胞自动机可视为由一个元胞空间和定义于该空间的变换函数组成, 它是可模拟复杂结构和过程的模型. 用数学符号来表示, 标准的元胞自动机就是一个四元组:

$$A = (L_d, S, N, f)$$

这里, A 代表一个元胞自动机系统; L 表示元胞空间, d 是一正整数, 表示元胞自动机内元胞空间的维数; S 是元胞的有限、离散状态集合; N 表示一个所有邻域内元胞的组合 (包括中心元胞), 即包含 n 个不同元胞状态的一个空间矢量, 记为

$$N = (S_1, S_2, \cdots, S_n)$$

其中, n 是元胞的邻居个数. $S_i \in Z$ (整数集合), $i \in \{1, 2, \cdots, n\}$; f 表示将 S^n 映射到 S 上的一个局部转换函数. 所有元胞位于 d 维空间上, 其位置可用一个 d 元的整数矩阵 Z^d 来确定.

若元胞的状态有 k 种, 状态的更新由自身及其四周临近的 n 个元胞状态共同决定, 则可能的演化规则数为 k^{k^n} 种, 在邻域中能产生很多变化, 可保持种群的多样性, 有助于 Pareto 解集的获得.

蚁群优化算法中的蚂蚁个体之间通过信息素进行信息传递, 蚂蚁会感知信息素的强度并以较大概率沿信息素强度大的方向运动, 同时, 蚂蚁在搜索区域内释放信息素, 而这些信息素可被整个元胞空间中其他蚂蚁所感知. 蚂蚁根据自身的信息素和共享的信息素在各自搜索区域内按元胞自动机演化规则进行优化, 有助于保持 Pareto 解集的分布性和多样性.

定义 5.4   转移概率定义为

$$P_{ij} = \frac{[\tau_j]^\alpha [\eta_{ij}]^\beta}{\sum\limits_k [\tau_k]^\alpha [\eta_{ik}]^\beta}$$

其中, τ_j 为轨迹强度; η_{ij} 为能见度. 按随机原则选择一个目标, 令 $\eta_{ij} = Z_{ig} - Z_{jg}$, Z_{ig} 和 Z_{jg} 表示第 i 只蚂蚁和第 j 只蚂蚁的第 g 个目标函数值. 随机选择性增加了 Pareto 解集的多样性, 使获得的 Pareto 前沿分布均匀. 若实际问题有偏好结构, 则可在算法中予以体现. α 为信息素强度的重要性; β 为启发式因子的重要性.

定义 5.5 设集合 $C = (c_1, c_2, \cdots, c_i, \cdots, c_n)$, 其中, $c_i \in \{0, 1\}$. C 中 c_i 任意取值的排序组合的集合为元胞空间, 可表示为 $L = \{\text{Cell}X = (c_1, c_2, \cdots, c_i, \cdots, c_n) | c_i \in \{0, 1\}\}$, 每个组合 $\text{Cell}X$ 为元胞.

定义 5.6 元胞邻居采用扩展 Moore 邻居类型:

$$N_{\text{Moore}} = \{\text{Cell}Y | \text{diff}(\text{Cell}Y - \text{Cell}X) \leqslant r, \text{Cell}X, \text{Cell}Y \in L\}$$

其中, $\text{diff}(\text{Cell}Y - \text{Cell}X) \leqslant r$ 为两个组合排序的差异, 若无差异为 0, 有差异时, 最小为 2. r 为差异度, 这里, r 取 2.

定义 5.7 元胞演化规则.

依据元胞邻居的定义计算其邻居的目标解, 比较元胞和其邻居的差异, 选择最好的非劣解.

定义 5.8 非劣解集的更新.

非劣解通常不是唯一的, 多个非劣解构成非劣解集或 Pareto 解集.

首先, 初始化非劣解集, 将第一个蚂蚁的结果放入非劣解集中; 然后, 计算各蚂蚁的目标函数值并检查 Pareto 占优情况. 若某个占优蚂蚁的解和非劣解集中的解相比较是非劣的, 则将其添加到非劣解集中; 若非劣解集中的某个解受控于新加入的解, 则删除该解. 随着信息素的释放和演化规则的执行, 非劣解集中的 Pareto 解个数不断增加.

综上所述, 求解给定限期条件下消防设施多目标选址模型的元胞蚁群算法主要步骤为:

第 1 步 算法参数初始化;

第 2 步 对每个蚂蚁 k, 计算转移概率 p_{ij}^k 并赋值;

第 3 步 计算各蚂蚁目标函数值, 按元胞邻居的定义, 在邻居范围内演化;

第 4 步 非劣解集更新;

第 5 步 信息素更新;

第 6 步 若满足算法停机条件, 则输出当前非劣解集; 否则转到第 2 步.

5.2.3 数值实验及分析

某城市拟在区域 $S = \{S_1, S_2, \cdots, S_8\}$ 这 8 个备选点设立消防设施, 该区域的 $E = \{E_1, E_2, E_3, E_4, E_5, E_6\}$ 为可能的应急地点. 这 8 个消防设施候选点的建设成本分别为 20, 20, 14, 16, 25, 18, 12, 32. 根据每个应急地点建筑物的特点, 规定这 6

个应急地点的应急期限分别为 12, 12, 12, 12, 12, 12. 这 6 个应急地点发生火灾时,
分别要求至少有 1, 2, 2, 2, 3 和 2 个消防设施能够在规定应急期限内到达现场提供
服务. 消防设施备选点到达应急地点需要的最短时间矩阵 T 为

$$T = \begin{bmatrix} 15 & 20 & 13 & 12 & 10 & 25 & 8 & 16 \\ 22 & 11 & 10 & 8 & 23 & 21 & 20 & 5 \\ 18 & 16 & 5 & 18 & 7 & 5 & 22 & 6 \\ 17 & 17 & 8 & 21 & 10 & 18 & 20 & 21 \\ 10 & 10 & 16 & 12 & 14 & 10 & 19 & 13 \\ 13 & 18 & 17 & 16 & 12 & 18 & 10 & 16 \end{bmatrix}$$

于是, 可利用给定限期条件下消防设施多目标选址模型和元胞蚁群优化算法求
解上述算例. 实验中, 算法参数设置为: $\alpha = 1; \beta = 1; \rho = 0.7; Q = 10$; 群体规模为
10; 最大迭代次数为 300.

算法用 MATLAB 编程实现并运行, 共得到三种选址方案, 对应的三个非劣解
分别为 (0, 1, 1 , 1, 1, 1, 1, 0)、(1, 0, 1, 1, 1, 1, 1, 0) 和 (1, 1, 1, 1, 1, 0, 1, 0), 相关结
果如表 5.5 所示.

表 5.5　选址方案

候选地	S_1	S_2	S_3	S_4	S_5	S_6	S_7	S_8
方案一	×	√	√	√	√	√	√	×
方案二	√	×	√	√	√	√	√	×
方案三	√	√	√	√	√	×	√	×

前两种方案对应的单个消防设施最长应急到达时间最小值都是 25, 总建设成
本最小值都是 105; 第三种方案对应的单个消防设施最长应急到达时间最小值是
23, 总建设成本最小值是 107.

下面, 我们分析参数的变化对消防设施选址结果的影响.

(1) 如果由于新技术的应用, 应急地点的建筑物材料耐火性增加. 这 6 个应急
地点的应急期限分别变为 15, 15, 15, 15, 15, 15. 此时, 选址方案对应的非劣解为 (1,
0 , 1, 1, 1, 0, 0, 0), 新的选址方案如表 5.6 所示.

表 5.6　选址方案

候选地	S_1	S_2	S_3	S_4	S_5	S_6	S_7	S_8
方案一	√	×	√	√	√	×	×	×

对应的单个消防设施最长应急到达时间最小值是 23, 总建设成本最小值是 75.

和原来的选址方案相比, 可以发现, 单个消防设施最长应急到达时间最小值没有增加而总建设成本显著降低.

(2) 如果这 6 个应急地点抗风险能力增加, 都要求至少有 1 个消防设施能够在规定应急期限内到达现场提供服务. 此时, 选址方案对应的非劣解为 $(0, 0, 0, 1, 1, 0, 0, 0)$ 和 $(0, 0, 1, 1, 0, 0, 1, 0)$, 新的选址方案如表 5.7 所示.

表 5.7　选址方案

候选地	S_1	S_2	S_3	S_4	S_5	S_6	S_7	S_8
方案一	×	×	×	√	√	×	×	×
方案二	×	×	√	√	×	×	√	×

方案一对应的单个消防设施最长应急到达时间最小值是 23, 总建设成本最小值是 41. 方案二对应的单个消防设施最长应急到达时间最小值是 22, 总建设成本最小值是 42. 和原来的选址方案相比, 可以发现, 单个消防设施最长应急到达时间最小值没有增加而总建设成本急剧下降.

(3) 如果消防设施点的消防车辆车况更好以及道路交通更加便利, 消防设施备选点到达应急地点需要的最短时间都减少 4, 时间矩阵 T 变为

$$
T = \begin{bmatrix}
11 & 16 & 9 & 8 & 6 & 21 & 4 & 12 \\
18 & 7 & 6 & 4 & 19 & 14 & 16 & 1 \\
14 & 12 & 1 & 4 & 3 & 1 & 18 & 2 \\
13 & 13 & 4 & 17 & 6 & 14 & 16 & 17 \\
6 & 6 & 12 & 8 & 10 & 6 & 15 & 8 \\
9 & 14 & 13 & 12 & 8 & 14 & 6 & 12
\end{bmatrix}
$$

此时, 选址方案对应的非劣解为 $(0, 0, 1, 1, 1, 0, 0, 0)$, 新的选址方案如表 5.8 所示.

表 5.8　选址方案

候选地	S_1	S_2	S_3	S_4	S_5	S_6	S_7	S_8
方案一	×	×	√	√	√	×	×	×

对应的单个消防设施最长应急到达时间最小值是 19, 总建设成本最小值是 55. 和原来的选址方案相比, 可以发现, 单个消防设施最长应急到达时间最小值减少, 而总建设成本也下降.

(4) 如果每个消防设施备选点建设成本都下降, 变为 10, 10, 4, 6, 15, 8, 2, 22.

此时, 选址方案对应的三个非劣解分别为 $(0, 1, 1, 1, 1, 1, 1, 0)$、$(1, 0, 1, 1, 1, 1, 1, 0)$ 和 $(1, 1, 1, 1, 1, 0, 1, 0)$, 新的选址方案如表 5.9 所示.

表 5.9   选址方案

候选地	S_1	S_2	S_3	S_4	S_5	S_6	S_7	S_8
方案一	×	√	√	√	√	√	√	×
方案二	√	×	√	√	√	√	√	×
方案三	√	√	√	√	√	×	√	×

前两个方案对应的单个消防设施最长应急到达时间最小值是 25, 总建设成本最小值是 45. 第三种方案对应的单个消防设施最长应急到达时间最小值是 23, 总建设成本最小值是 47. 和原来的选址方案相比, 可以发现, 虽然单个消防设施最长应急到达时间最小值没有变化, 但是总建设成本明显降低.

通过上述数值实验, 可得到以下结论.

首先, 如果采用新技术, 应急地点建筑材料耐火性增强, 可以延长应急期限的话, 消防设施总建设成本会下降. 其次, 如果应急地点能够加强管理, 抗灾能力增强, 需要消防设施数量减少的话, 单个消防设施最长应急到达时间会减小, 消防设施总建设成本也会减少. 再次, 如果消防设施的硬件得到改善 (消防车辆车况更好) 以及交通更加通畅有序, 单个消防设施最长应急到达时间显著减少, 消防设施总建设费用也会下降. 最后, 如果每个消防设施候选点建设费用减少, 虽然单个消防设施最长应急到达时间不会变化, 但是消防设施总建设成本会显著降低.

5.3   街道应急救援设施多目标选址问题

在改革开放的四十年间, 中国城镇化率由 1978 年的 17.9% 提高到了 2017 年的 58.5%, 城镇人口数量从 1978 年的 1.7 亿增长到了 2017 年的 8 亿以上. 然而, 在城镇化进程中, 由于街道人口过度集聚, 给城市管理提出了更高的要求. 近年来, 强降雨和台风等异常天气频繁出现, 因恶劣自然灾害所带来的人员伤亡和经济损失不容乐观. 为有效降低恶劣自然因素所带来的损失, 保障人民生命财产安全, 街道应急救援设施必不可少.

为加强和规范应急救援设施建设, 充分体现社会效益和投资效益, 需要先对街道应急救援设施进行合理布局和规划. 这里, 结合文献 [45], 我们同时考虑人口覆盖率和设施建设成本两方面的因素, 来构建街道应急救援设施的多目标选址模型. 然后, 设计一种多目标引力搜索算法的求解方法. 最后, 通过案例进行实证研究.

5.3.1 街道应急救援设施多目标选址模型

1. 问题描述

已知每个备选应急救援设施点建设成本以及每个街道需求点的人口数, 此外, 还已知应急救援设施候选点和街道需求点之间的行车距离. 在上述条件下, 应如何建立应急救援设施点, 以便尽可能地覆盖尽可能多的街道居民且又能使总成本最小?

2. 模型构建

令 I 表示街道需求点的集合; i 表示第 i 个街道需求点 $(i = 1, 2, \cdots, I)$; w_i 表示第 i 个街道需求点的权重, 这里用人口总数表示; J 表示备选应急救援设施点集合; j 表示第 j 个设施候选点 $(j = 1, 2, \cdots, J)$; d_{ij} 表示第 i 个街道需求点和第 j 个备选设施点之间的行车距离; c_j 表示第 j 个设施备选点的建设成本; $N_i = \{j | d_{ij} \leqslant S\}$ 表示所有能够覆盖第 i 个街道需求点的备选设施点的集合, 其中 S 表示应急救援设施点能够覆盖的最大距离.

当在第 j 个备选点建立应急救援设施时, 决策变量 $x_j = 1$; 否则 $x_j = 0$. 当第 i 个街道需求点被覆盖时, 决策变量 $y_i = 1$; 否则 $y_i = 0$.

考虑最大覆盖和最小成本的街道应急救援设施多目标选址模型为

$$\max f_1 = \sum_{i \in I} w_i y_i \tag{5.16}$$

$$\min f_2 = \sum_{j \in J} c_j x_j \tag{5.17}$$

$$\text{s.t.} \ \sum_{j \in N_i} x_j - y_i \geqslant 0, \ \forall i \in I \tag{5.18}$$

$$\sum_{j \in J} x_j = p \tag{5.19}$$

$$x_j \in \{0, 1\}, \quad \forall j \in J \tag{5.20}$$

$$y_i \in \{0, 1\}, \quad \forall i \in I \tag{5.21}$$

其中, 式 (5.16) 为第一个目标函数, 表示建立的应急救援设施能够覆盖最多的人口; 式 (5.17) 为第二个目标函数, 表示建立的应急救援设施总成本最小; 式 (5.18) 表示选定的救援设施能够覆盖第 i 个街道需求点; 式 (5.19) 表示建立的应急救援设施总数为 p 个; 式 (5.20) 和 (5.21) 为决策变量取值约束.

如果只考虑第一个目标函数, 这里构建的应急救援设施选址模型属于最大覆盖模型, 而最大覆盖模型已被证明属于 NP 难题. 上面给出的街道应急救援设施多目标选址模型是最大覆盖模型的一种推广形式, 也属于 NP 难题. 求解 NP 难题一直具有挑战性, 下面将给出基于多目标引力搜索算法的求解方法 [58].

5.3.2   多目标引力搜索算法

这里, 采用第 4 章中的引力搜索算法求解上述街道应急救援设施多目标选址模型. 由于模型带约束条件, 因此首先将问题转换为无约束优化问题, 具体采用基于和形式的罚函数法.

在基本引力搜索算法中, 位置变量和待优化问题的解相对应. 需要指出的是, 算法的搜索空间为连续空间, 但该选址问题决策变量取值是 0 或 1. 因此, 需要对位置变量进行处理, 使其符合选址问题解的取值要求. 于是, 可利用位置变量来设计决策变量对应解取 0 或 1 的概率. 为使概率值在 0 到 1 之间, 需要采用转换函数对位置变量进行处理. 出于方便起见, 令 w_i 表示决策变量对应第 i 个个体位置变量; w_i^d 表示第 i 个个体位置分量; r_i^d 表示第 i 个个体位置对应的解分量; $H(u)$ 表示转换函数. 则有

$$r_i^d = \begin{cases} 1, & H\left(w_i^d\right) \geqslant c \\ 0, & 其他 \end{cases} \tag{5.22}$$

其中, c 表示 0 到 1 之间的阈值; $H(u) = |u/\sqrt{1+u^2}|$; 个体位置分量 w_i^d 决定了解分量 r_i^d 取 1 或者 0 的概率, 即以 $H\left(w_i^d\right)$ 的概率取 1, 以 $1 - H\left(w_i^d\right)$ 的概率取 0.

在处理上述多目标选址模型时, 需对群体中个体间的非劣关系进行分析. 这里, 采用非支配排序方法, 将整个群体分成不同的层级.

1. 非支配排序方法

具体方法为: 当前所有个体中没有被其他任何个体所支配的个体为 Pareto 占优 (非支配) 的, 定义该个体的 rank=1, 所有 Pareto 占优个体的集合是第一层 Pareto 占优集合; 然后将这些个体从当前的群体中去除, 对余下群体按照上述方法产生第二层 Pareto 占优集合. 以此类推, 将群体中所有个体都进行排序. 图 5.9 给出了一种分层示意图, 假设群体规模为 7, 目标函数个数为 2.

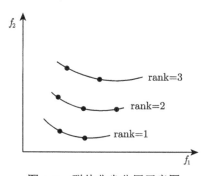

图 5.9   群体非劣分层示意图

当所有个体被分成不同层级后, 算法将优先利用层级高 (rank 值小) 的个体来产生新的个体, 引导群体向 Pareto 解集区域靠近. 在保证群体向非劣解集方向不断逼近的同时, 还要求整个群体尽可能分布均匀.

为描述群体的分布情况, 可以利用拥挤距离刻画个体间的聚集程度. 一般情况下, 拥挤距离大的个体其聚集密度小.

2. 拥挤距离

一个个体的拥挤距离, 可通过在目标空间中同一层级上与其相邻的两个个体在每个子目标上的距离之和来计算. 如图 5.10 所示, 给定一个多目标优化问题, 共有两个子目标, 分别用 f_1 和 f_2 表示. 第 i 个个体的拥挤距离是与其相邻的第 $i-1$ 个个体和第 $i+1$ 个个体在两个子目标 f_1 和 f_2 上的距离之和, 即图中实线矩形长与宽的和. 在实际计算时, 考虑到各个子目标函数值的取值范围差异, 可作归一化处理. 设 $I[i]_{\text{distance}}$ 表示第 i 个个体的拥挤距离, $I[i].k$ 表示第 i 个个体在子目标 k 上的函数值. 通常情况下, 当有 m 个子目标函数时, 个体 i 的拥挤距离为

$$I[i]_{\text{distance}} = \sum_{k=1}^{m} \frac{I[i+1].k - I[i-1].k}{f_k^{\max} - f_k^{\min}} \tag{5.23}$$

其中, $f_k^{\max}$ 和 $f_k^{\min}$ 分别表示第 k 子目标函数值的最大值和最小值.

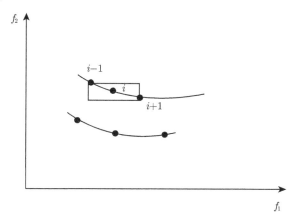

图 5.10 同一层个体之间的拥挤距离计算

通过非支配排序和拥挤距离的计算, 群体中所有个体都有两个特征量: 排序号和拥挤距离. 两个个体进行比较时, 若非劣层级不同, 则取层级高 (rank 数值小) 的个体. 否则, 若两个个体在同一层级, 则取拥挤距离大 (聚集密度小) 的个体. 在此基础上, 设 $I[i]_{\text{rank}}$ 和 $I[i]_{\text{distance}}$ 分别表示第 i 个个体进行非支配排序和拥挤距离

计算的结果, 可得到两个个体 i 和 j 间的偏序关系 $\succ_n$ 如下:

$$i \succ_n j = \begin{cases} I[i]_{\mathrm{rank}} < I[j]_{\mathrm{rank}} \\ I[i]_{\mathrm{rank}} = I[j]_{\mathrm{rank}} \text{ 且 } I[i]_{\mathrm{distance}} > I[j]_{\mathrm{distance}} \end{cases} \tag{5.24}$$

为能够引导群体向 Pareto 解集区域靠近并保证算法解集分布的均匀性, 采用精英保留策略.

3. 精英保留策略

将第 t 代得到的规模为 N 的新群体与算法现有的 Pareto 最优解集 $P_{\mathrm{known}}(t-1)$ 进行合并, 得到规模为 $2N$ 的群体. 按偏序关系, 在合并后的群体中逐一选择优胜个体直至数量达到 N, 从而产生第 t 代的 Pareto 最优解集 $P_{\mathrm{known}}(t)$. 在 $P_{\mathrm{known}}(t)$ 基础上形成新一轮的优化操作, 包括计算引力, 更新加速度、速度和位置. 具体操作过程如图 5.11 所示.

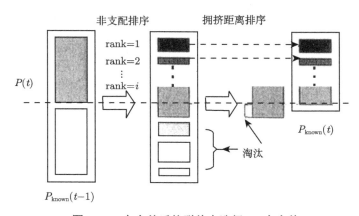

图 5.11　在合并后的群体中选择 N 个个体

这种策略的优点是将连续两代的群体合并, 使得群体选择的范围扩大, 保证群体具有较好的多样性, 并按偏序关系, 将优良的个体保存下来. 但研究发现, 如果算法连续采用这种策略, 尽管能保证群体分布的均匀性, 但却会产生退化现象, 即新产生的个体劣于刚被淘汰的个体. 这里, 我们给出一种解决策略, 具体过程如下所述.

建立一个被淘汰的个体集合 DA(Deleted Archive), 其规模最大为 N, 初始值就设为算法的初始群体. 在算法执行过程中, 根据偏序关系, 将算法中新产生的个体与 DA 中个体逐一进行比较, 若新个体劣于 DA 中某个个体, 则在本次迭代中不考虑该新个体. 在采用精英保留策略之后, 利用最近被淘汰的个体 j 对 DA 进行更新操作. 基于偏序关系, 若 DA 中存在优于个体 j 的个体, 则 DA 保持不变; 若个体 j

优于 DA 中的某些个体, 则先将这些个体从 DA 中去除, 再将个体 j 加入 DA 中; 若个体 j 和 DA 中的所有个体一样好, 则先删除在 DA 中进入集合时间最长的个体, 再将个体 j 加入.

用引力搜索算法求解多目标优化问题时, 质量函数的定义是算法的一个关键因素. 一般情况下, 质量函数可通过适应度函数来定义. 在处理单目标优化问题时, 任意两个目标函数值都可以比较大小, 因此群体所对应的解集合是全序的, 适应度函数值可直接定义为目标函数值, 个体的目标函数值越优, 其质量就越大. 但在处理多目标优化问题时, 这种方法不再适用. 在多目标优化中, 所有非支配个体之间无法进行比较, 这些个体所对应的解集合实际上是一种偏序集. 同时, 在求解多目标优化问题时, 不仅要求算法得到的非劣前沿与 Pareto 最优前沿的距离尽可能小, 而且要求其尽可能均匀分布. 因而, 在设计适应度函数时, 需尽可能地满足这两个要求.

4. 质量函数

采用多目标优化问题的处理方法, 即非支配排序和拥挤距离排序, 给出适应度函数的定义. 首先, 考虑层级最高 (rank=1) 的个体, 拥挤距离最大的个体适应度函数值为 1, 拥挤距离第二大的个体适应度函数值为 2, 按此方法将该层级上所有个体的适应度函数进行赋值. 其次, 考虑层级第二高 (rank=2) 的个体, 按拥挤距离, 对该层级上个体的适应度函数值进行设置. 依此类推, 直至群体中所有个体都有相应的适应度函数值. 最后, 将个体质量定义为其适应度函数值的倒数.

综上所述, 这里给出的求解街道应急救援设施多目标选址模型方法主要由引力搜索算法中的基本计算 (包括计算个体质量和引力以及加速度、速度和位置的更新)、非支配排序、拥挤距离计算、精英保留策略和新个体与被删除个体的比较等操作组成. 其中, 引力搜索算法的基本计算是产生新个体时必需的操作; 通过非支配排序和拥挤距离的计算, 对每个个体的性能进行定量分析; 利用精英保留策略, 从算法当前得到的解集和已有的 Pareto 最优解集中产生新的 Pareto 最优解集, 并采用该 Pareto 解集产生新的个体; 通过新个体和被删除个体的比较操作来防止退化现象的产生, 并对被删除个体集合进行更新操作.

整个算法的主要步骤如下:

第 1 步 设置算法控制参数: 群体 $P(t)$ 规模、Pareto 最优解集 $P_{\text{known}}(t)$ 规模、最大迭代次数 T、系数 G_0 和 α.

第 2 步 令 $t = 1$, 利用拟蒙特卡罗方法中的 Sobol 序列产生初始群体 $P(t)$, Pareto 最优解集 $P_{\text{known}}(t - 1)$ 为空集.

第 3 步 对个体进行非支配排序和拥挤距离计算.

第 4 步 计算个体质量和所受的引力.

第 5 步 进行加速度、速度和位置的更新操作.

第 6 步 将算法新产生的个体与被删除个体集合 DA 中的个体进行比较.

第 7 步 利用精英保留策略产生新的 Pareto 最优解集 $P_{\text{known}}(t)$, 并对集合 DA 进行更新.

第 8 步 令 $t = t + 1$, 若当前迭代次数达到最大迭代次数, 则算法停止, 输出结果; 否则转第 3 步.

5.3.3 数值实验及分析

某城市计划在 7 个备选点 $(A, B, \cdots, G)$ 中建立应急救援设施, 为 12 个街道居民提供应急服务. 这 7 个备选点的建设成本分别为 12, 13, 5, 38, 21, 19, 28(单位: 百万元). 每个应急救援设施覆盖的最大距离为 6 公里. 这里, 假设每个街道需求点都集中在街道中心 (例如, 街道办事处等). 由于资金预算限制, 规定目前只能建 1 个应急救援设施. 这 7 个备选设施点到 12 个街道中心的行车距离以及这 12 个街道人口如表 5.10 所示. 其中, 距离单位为公里, 人口单位为万人.

表 5.10   备选设施到街道中心的行车距离和各街道人口

需求点 i		1	2	3	4	5	6	7	8	9	10	11	12
候选设施 j	1(A)	7	4	7	9	1	3	5	8	8	10	12	13
	2(B)	13	11	11	10	8	6	4	6	2	8	4	5
	3(C)	16	14	14	13	12	10	10	8	5	6	2	5
	4(D)	12	10	11	12	7	5	8	4	3	7	7	10
	5(E)	7	5	5	8	4	5	1	7	3	10	10	12
	6(F)	3	3	1	4	6	8	4	10	8	13	12	11
	7(G)	10	8	6	4	9	10	4	12	5	14	8	3
人口		9.3	13.3	12.4	8.4	3.6	3.1	8.7	3.3	12.1	9.6	11	7.9

利用街道应急救援设施多目标选址模型和多目标引力搜索算法求解上述案例, 实验中的算法参数设置为: 群体规模 100, 最优解集规模 100, $G_0 = 30$, $\alpha = 50$. 用 MATLAB 编程实现上述算法并运行, 共得到三种选址方案, 对应的三个非劣解分别为: (0, 0, 0, 0, 0, 1, 0, 1, 1, 1, 1, 1, 0, 1, 0, 0, 0, 0, 0), (0, 0, 1, 0, 0, 0, 0, 0, 0, 0, 0, 0, 0, 0, 0, 0, 1, 1, 1, 1) 和 (0, 1, 0, 0, 0, 0, 0, 0, 0, 0, 0, 0, 0, 1, 1, 1, 1, 0, 1, 1, 1), 相关结果如表 5.11 所示.

表 5.11   选址方案

候选设施点	1(A)	2(B)	3(C)	4(D)	5(E)	6(F)	7(G)
方案一	×	×	×	×	×	√	×
方案二	×	×	√	×	×	×	×
方案三	×	√	×	×	×	×	×

对第一种方案而言, 在第 6 个备选点 F 建立应急救援设施, 能够覆盖的街道需

求点有 1, 2, 3, 4, 5 和 7; 覆盖人口数各为 55.7 万人; 总建设成本为 1900 万元. 对第二种方案而言, 在第 3 个备选点 C 建立应急救援设施, 能够覆盖的街道需求点有 9, 10, 11 和 12; 覆盖人口数各为 40.6 万人; 总建设成本为 500 万元. 对第三种方案而言, 在第 2 个备选点 B 建立应急救援设施, 能够覆盖的街道需求点有 6, 7, 8, 9, 11 和 12; 覆盖人口数各为 46.1 万人; 总建设成本为 1300 万元. 可以看出, 第一种方案建立的应急救援设施能够覆盖的人数最多, 但需要的总建设成本最大.

下面, 我们分析参数变化对街道应急救援设施选址结果的影响.

(1) 由于资金预算的增加, 可以建立的应急救援设施数量由 1 个增加到 3 个, 可得到三种选址方案, 对应的三个非劣解分别为: (0, 1, 1, 0, 0, 1, 0, 1, 1, 1, 1, 1, 1, 1, 1, 1, 1, 1, 1), (1, 0, 1, 0, 0, 1, 0, 1, 1, 1, 1, 1, 1, 1, 1, 0, 1, 1, 1, 1) 和 (1, 1, 1, 0, 0, 0, 0, 0, 1, 0, 0, 1, 1, 1, 1, 1, 1, 1), 相关结果如表 5.12 所示.

表 5.12　选址方案

候选设施点	1(A)	2(B)	3(C)	4(D)	5(E)	6(F)	7(G)
方案一	×	√	√	×	×	√	×
方案二	√	×	√	×	×	√	×
方案三	√	√	√	×	×	×	×

这三种方案对应的覆盖人口数分别为 102.7 万人、99.4 万人和 72.6 万人, 总建设成本分别为 3700 万元、3600 万元和 3000 万元. 对第一种方案而言, 在第 2 个备选点 B、第 3 个备选点 C 和第 6 个备选点 F 建立应急救援设施, 能够覆盖所有街道需求点, 但总建设成本最大.

(2) 如果应急救援设施的救援能力显著提升, 覆盖的最大距离由 6 公里增加到 8 公里, 可得到四种选址方案, 对应的四个非劣解分别为: (0, 0, 0, 0, 0, 1, 0, 1, 1, 1, 1, 1, 1, 1, 0, 1, 0, 0, 0), (0, 0, 0, 0, 1, 0, 0, 1, 1, 1, 1, 1, 1, 1, 1, 1, 1, 0, 0, 0), (0, 0, 1, 0, 0, 0, 0, 0, 0, 0, 0, 0, 1, 1, 1, 1, 1) 和 (1, 0, 0, 0, 0, 0, 0, 1, 1, 1, 0, 1, 1, 1, 1, 1, 0, 0, 0), 相关结果如表 5.13 所示.

表 5.13　选址方案

候选设施点	1(A)	2(B)	3(C)	4(D)	5(E)	6(F)	7(G)
方案一	×	×	×	×	×	√	×
方案二	×	×	×	×	√	×	×
方案三	×	×	√	×	×	×	×
方案四	√	×	×	×	×	×	×

这四种方案对应的覆盖人口数分别为 70.9 万人、74.2 万人、43.9 万人和 65.8 万人, 总建设成本分别为 1900 万元、2100 万元、500 万元和 1200 万元. 新的第一种方案与原来的第一种方案相比, 总建设成本都是 1900 万元, 但是覆盖的人口数

由 55.7 万人提高到 70.9 万人. 通过比较可以发现, 当应急救援设施的覆盖范围扩大时, 可覆盖的人口数显著增加, 但设施建设总成本并未增加.

(3) 当街道居民总数增加时, 假设每个需求点人数都增加 5 万人, 此时可得到三种选址方案, 对应的三个非劣解分别为: (0, 0, 0, 0, 0, 1, 0, 1, 1, 1, 1, 1, 0, 1, 0, 0, 0, 0, 0, 0), (0, 0, 1, 0, 0, 0, 0, 0, 0, 0, 0, 0, 0, 0, 0, 0, 1, 1, 1, 1) 和 (0, 1, 0, 0, 0, 0, 0, 0, 0, 0, 0, 0, 0, 0, 1, 1, 1, 1, 0, 1, 1), 相关结果如表 5.14 所示.

表 5.14　选址方案

候选设施点	1(A)	2(B)	3(C)	4(D)	5(E)	6(F)	7(G)
方案一	×	×	×	×	×	√	×
方案二	×	×	√	×	×	×	×
方案三	×	√	×	×	×	×	×

这三种方案对应的覆盖人口数分别为 85.7 万人、60.6 万人和 76.1 万人, 总建设成本分别为 1900 万元、500 万元和 1300 万元. 与原来对应的三种方案相比, 可以发现, 虽然设施建设总成本没有变化, 但是可为更多的居民提供应急服务, 最多可多覆盖 30 万人, 能就此提高应急救援设施的利用率.

(4) 由于用地和建筑材料等成本降低, 每个应急救援设施备选点的建设成本也下降. 这里, 假设所有候选点的建设成本都减少 300 万元, 此时可得到三种选址方案, 对应的三个非劣解分别为: (0, 0, 0, 0, 0, 1, 0, 1, 1, 1, 1, 1, 0, 1, 0, 0, 0, 0, 0, 0), (0, 0, 1, 0, 0, 0, 0, 0, 0, 0, 0, 0, 0, 0, 0, 0, 1, 1, 1, 1) 和 (0, 1, 0, 0, 0, 0, 0, 0, 0, 0, 0, 0, 0, 0, 1, 1, 1, 1, 0, 1, 1), 相关结果如表 5.15 所示.

表 5.15　选址方案

候选设施点	1(A)	2(B)	3(C)	4(D)	5(E)	6(F)	7(G)
方案一	×	×	×	×	×	√	×
方案二	×	×	√	×	×	×	×
方案三	×	√	×	×	×	×	×

这三种方案对应的覆盖人口数分别为 55.7 万人、40.6 万人和 46.1 万人, 总建设成本分别为 1600 万元、200 万元和 1000 万元. 与原来对应的三种方案相比, 可以发现, 虽然应急救援设施覆盖的人口数没有变化, 但设施总建设成本明显下降.

通过以上数值实验, 我们可以得到如下结论:

首先, 增加对应急救援设施的资金投入, 可以保证覆盖更多的街道居民, 甚至可达到 100% 的覆盖率. 其次, 如果应急救援设施的自身救援能力提升, 例如覆盖的距离更远, 在设施总建设成本没有增加的情况下, 可以覆盖更多的街道居民. 再次, 在不超过应急救援设施承受能力的情况下, 提高每个救援设施的利用率, 在不增加任何建设成本的情况下, 可以为更多的居民提供应急服务. 最后, 单个救援设施备选点成本下降的情况下, 可以保证设施覆盖同样的人口数, 但救援设施总建设成本显著减少.

5.4 基于敌意风险分析的多阶段反恐设施选址问题

恐怖袭击是人类安全的重要威胁之一, 随着恐怖袭击在全球的日益频发, 对反恐问题的研究更加紧迫. 恐怖主义本身的复杂性导致恐怖袭击成为难以预测、难以防卫的棘手问题. 恐怖袭击者通过长期的准备和策划, 采用多种方式进行袭击, 如今更是出现了单次袭击转向同时多次、连续袭击等方式, 波及范围更大, 人员伤亡更为惨烈, 给反恐带来了更大的难度.

目前, 现代科学研究已越来越关注城市安全的各个方面, 而城市安全资源建模的传统由来已久. 早期有关的一个重要工作是经典的 Becker 方法 [69], 他是最早将犯罪经济学理论引入该领域的学者. Cornish 和 Clarke 进一步研究了 Becker 的理论, 使其更具操作性 [70]. 1994 年, 纽约警察部门提出了一种叫做 COMPSTAT 的方法 [71], 用于指定犯罪地图网络并不断在高犯罪率区域设置警力资源. 此后, 科学界提出了各种各样的城市安全选址模型. Shan 和 Zhuang 从多个方面对名为 ARMOR 的针对 LAX 机场的巡警设置模型进行了研究, 应用博弈论对城市安全设备进行了建模 [72,73]. Berman 等针对恐怖袭击的特点, 建立了动态博弈选址模型, 并以美国全国的城市为例进行了测试 [74]. 由此, 学术界揭开了用博弈论思想解决应急选址问题的新篇章. Merrick 和 Parnell 总结了决策分析领域众多建模方法, 提出了敌意风险分析方法, 可针对一些模型的信息不确定性提供较为稳定的解 [75]. Rios Insua 等在敌意风险分析的基础上, 加入了 K-Level 的思考概念, 可以解决选址的嵌套决策问题 [76-79]. 在我国, 韩传峰 [80] 和魏国强 [81] 等分别基于决策论的理念构建了不同的选址模型, 重点研究了应急资源的调度优化问题.

针对反恐设施选址问题, 并考虑资源分配的多阶段性以及动态性, 我们根据贝叶斯决策理论与序贯博弈论, 融合 Rios Insua 的 K-Level 敌意风险分析方法, 就当前恐怖袭击的同时多发性, 建立了多阶段反恐设备选址的敌意风险分析模型, 讨论了在城市多个设施点离散选址的不同情况下, 通过预防性和修复性的资源分配, 将恐怖袭击的损失降到最小. 并以上海市区县网络为例, 进行了编程仿真测试, 通过数值分析, 对不同情景下最优反恐资源设备的选址情况进行了求解.

5.4.1 城市反恐资源选址的敌意风险分析模型

博弈论是反恐选址中常用的一种理论工具, 主要通过对防卫者和袭击者两个局中人构建非合作的博弈模型. 通常情况下, 使用这种方法需要设定完全信息的假设, 求得博弈或者子博弈的精炼纳什均衡解. 应用决策论分析反恐问题也有比较深入的进展, 例如, 传统风险分析的事件树方法就能对实际的大规模问题做出决策判断 [82]. 然而, 使用博弈论的假设前提在一些实际情况下可行性较低; 同时, 基于决策分析的方法, 由于并未考虑攻击者的行为, 因此模型本身也存在着不严密性.

敌意风险分析方法 (Adversarial Risk Analysis, ARA) 的思想是在决策论基础上对问题进行仿真, 同时模型本身也具有策略思维, 可对敌方的行为进行预测和模拟. ARA 对防卫者提供决策支持, 同时将攻击者的决策作为不确定信息处理. 为达到这个目的, 我们对攻击者的决策问题进行建模, 然后试图测算其资源设置的概率分布与效用值. 假设攻击者是期望效用最大化者, 这样就可预测其最优行为, 并提供对应的效用和决策分布, 有时候这会导致一个多层次的嵌套决策问题 [83–85].

恐怖袭击者相对防卫者具有较少的资源, 而且通常恐怖袭击 (可以是同时多次袭击) 发生后, 防卫者会增加警备, 一定区域内很少会有连续袭击情况, 但是防卫者却需要在发生袭击时调动原有资源配置. 因此, 反恐资源选址问题不再是同时博弈问题, 而是个动态决策问题. 这里, 我们通过优化原有模型, 采用多阶段优化方法进行分析, 将问题模型转为序贯防守–攻击–防守模型.

ARA 模型对城市设施中的安全资源分配, 需同时考虑城市的空间问题. 于是, 可将城市的空间划分为多个区域 $c(i, j)$, 这种设定也包括了社区和地域之间存在着的空间连续性. 每个区域都有一个已知的需要被保护的城市价值 V_{ij}, 这是该区域所有可用资产 (经济、政治、人力资源、行业情况等) 的总和. Dyer 和 Sarin 曾提出过一个多属性价值模型, 可以用其计算城市区域价值 [86]. 各个区域的价值总和构成了城市的总体价值, 防卫者需要保护这些城市价值, 而攻击者则谋求尽可能多地获取城市价值.

模型的最初阶段, 防卫者有 k 种可利用资源, 每种资源的最大值分别是 $R_D^{1l}, l = 1, \cdots, k$. 资源可以包括: 人力、监视器、车辆、武器等. 防卫者需要在城市区域 $c(i, j)$ 设置各种资源 $d_{ij}^{1l} \geqslant 0$, 并需满足以下约束:

$$\sum_{ij} d_{ij}^{1l} \leqslant R_D^{1l}, \quad l = 1, \cdots, k$$

攻击者也有 m 种可利用资源来组织攻击, 攻击中可利用的每种资源最大值为 $R_A^l, l = 1, \cdots, m$. 攻击者在城市区域 $c(i, j)$ 设置资源 $a_{ij}^l \geqslant 0$, 并满足以下约束:

$$\sum_{ij} a_{ij}^l \leqslant R_A^l, \quad l = 1, \cdots, m$$

基于防卫者的初始资源设定和攻击者的攻击资源设定, 防卫者还需在袭击发生后对资源进行调动, 完成二次选址, 记作 $R_D^{2l}, l = 1, \cdots, k$. 防卫者第二阶段继续对

资源进行空间选址配置, 尽可能修复攻击带来的损失, 同时也需满足以下约束:

$$\sum_{ij} d_{ij}^{2l} \leqslant R_D^{2l}, \quad l = 1, \cdots, k$$

对防卫者和攻击者双方而言, 对各自资源的配置还可以有其他更为细节化的约束. 防卫者第二阶段的资源选址和第一阶段的选址有密切关系, 但并不一定一致. 例如, 人力资源设置如果离袭击地点较远, 就难以及时支援第二阶段的配置, 也有可能在第一阶段存在资源损失, 从而第二阶段就不能再使用; 或者, 有些资源需要固定的选址, 并不能移动, 因而第二阶段的选址成本也需要进行控制.

为刻画双方决策的全过程和相互关系, 这里引入影响图的表述方式. 影响图 (Influence Diagram) 是为了对不确定变量和决策进行建模而使用的一种图表表达结构, 能体现事件发生概率的相互依赖关系与信息流走向 [87]. 影响图是比决策树更清晰和丰富的表现方式, 许多学者使用其进行建模和决策分析. 这里, 给出序贯防守–攻击–防守动态模型的影响图, 如图 5.12 所示.

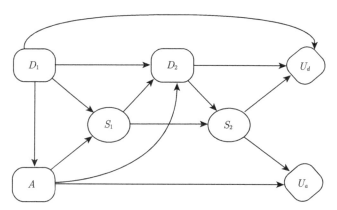

图 5.12 基于 ARA 方法的反恐资源选址全局影响图

图中的 D_1 表示防卫者的决策节点, 开始时防卫者进行初始资源选址, 在满足约束条件的基础上, 于 $c(i,j)$ 中设置资源 $d^1 = \{d_{ij}^{1l}\}$. 攻击者则观察防卫者的选址设定, 进行攻击资源的分配, 于 $c(i,j)$ 中设置资源 $a^1 = \{a_{ij}^l\}$, A 为攻击者的决策节点. S_1 是机会节点, 表示袭击的初始成功情况. 根据袭击情况和首次资源选址, 防卫者进行第二阶段的恢复性资源设置 $d^2 = \{d_{ij}^{2l}\}$, 体现为图中的 D_2 决策点.

由于资源的再分配, 防卫者尽最大可能挽回袭击的损失, 这会导致最终袭击的成功率, 即 S_2 的机会节点. 我们设定每个 $c(i,j)$ 都具有价值 $v = v_{ij}$, 最终防卫者的效用和 S_2 的成功率与第一阶段、第二阶段的资源设置成本有关, 表达为效用节点 U_d. 同样, 攻击者的效用也取决于攻击资源的设定成本和最终成功率, 表达为效

用节点 U_a.

5.4.2　多阶段反恐资源选址问题

对于模型中的防卫者和决策者而言, 决策节点的结论都是从各自的立场角度做出的, 这需要分别研究双方的决策思路, 对总模型进行多阶段分解研究, 通过序贯博弈的策略思维将两方的决策进行串联的关系分析.

1. 防卫者资源两阶段选址问题

防卫者资源配置决策问题的影响图不同于全局图, 从防卫者的角度来看, 此时 A 节点攻击者的决策点成了一个机会节点. 因为对于防卫者来说, 攻击者的决策实质上是个不确定事件, 如图 5.13 所示.

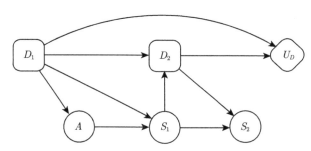

图 5.13　防卫者角度决策问题影响图

首先, 在满足资源约束的前提下, 给已经划分好的城市区域 $c(i, j)$ 进行第 l 种资源的初始选址配置 d_{ij}^{1l}; 其次, 观察攻击者的袭击资源配置 a_{ij}^{l} 和成功情况 s_1^{ij}, 测算疏漏程度; 再次, 在满足资源约束的条件下, 进行二次选址配置 d_{ij}^{2l}, 尽最大限度恢复损失; 最后, 根据二次选址之后的恢复情况, 测算袭击的最终影响和结果 s_2^{ij}, 并根据城市价值, 计算防卫者的负效用函数 u_D.

根据影响图和贝叶斯决策理论 [88], 为得到防卫者的决策, 需获得 $p_D(S_1|d^1, a)$, $p_D(S_2|s_1, d^2)$, $p_D(A|d^1)$ 和效用函数 $u_D(d^1, d^2, s_2, v)$. 为求解整个问题, 需进行逆向归纳推导:

(1) 假设已知一组数据中的 (d^1, d^2, s_2, v), 对每个 $c(i, j)$ 的效用进行加总, 得到防卫者效用 $u_D(d^1, d^2, s_2, v)$.

(2) 在机会节点 S_2, 计算期望效用:

$$\psi_D(d^1, s_2, d^2, v) = \sum_{s_2} u_D(d^1, d^2, s_2, v) p_D(s_2|s_1, d^2)$$

(3) 在决策节点 D_2, 计算针对每种可能的最大期望效用:

$$\psi_D(d^1, s_1, v) = \max_{d^2} \psi_D(d^1, s_2, d^2, v)$$

(4) 在机会节点 S_1, 计算期望效用:

$$\psi_D(d^1, a, v) = \sum_{s_1} \psi_D(d^1, s_1, v) p_D(s_1 | d^1, a)$$

(5) 在机会节点 A, 计算期望效用:

$$\psi_D(d^1, v) = \sum_{a} \psi_D(d^1, a, v) p_D(a | d^1)$$

(6) 在决策节点 D_1, 最大化期望效用:

$$\psi_D(v) = \max_{d^1} \psi_D(d^1, v)$$

此时, 得到最优决策 $(d_1^*(v), d_2^*(d_1^*(v), s_1, v))$. 其中, 第一阶段的最优选址配置为 $d_1^*(v)$, 根据 $d_1^*(v)$, 第二阶段最优选址为 $d_2^*(d_1^*(v), s_1, v)$.

可用如下表达式总结以上过程为

$$\max_{d^1} \sum_{a} \sum_{s_1} \left[\max_{d^2} \sum_{s_2} u_D\left(d^1, d^2, s_2, v\right) p_D(s_2 | s_1, d^2) \right] p_D(s_1 | d^1, a) p_D(a | d^1)$$

所需的四个计算部分中, $p_D(A | d^1)$ 是最困难的. 因为 $p_D(A | d^1)$ 描述了防卫者对攻击者在观察了第一阶段资源选址后做出如何回应的信念, 这需要策略思维. 借用博弈论的序贯博弈思考方式, 下面将以攻击者的角度进行决策分析.

2. 攻击者资源选址问题

从攻击者的角度做出影响图, 节点 D_1 和节点 D_2 此时是攻击者的机会节点, 体现了防卫者决策对于攻击者的不确定性, 如图 5.14 所示.

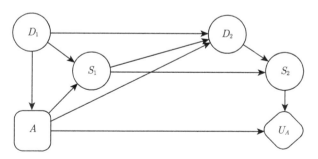

图 5.14　攻击者角度决策问题影响图

观察防卫者在城市空间 $c(i, j)$ 的初始 l 资源选址配置 d_{ij}^{1l}; 满足约束的前提下, 于城市空间 $c(i, j)$ 设置攻击资源 a_{ij}^l, 并产生 s_1^{ij} 的影响; 观察在防卫者二次资源配置 d_{ij}^{2l} 后的攻击影响情况 s_2^{ij}; 最后加总计算袭击得到的效用 u_A.

解决攻击者的决策问题, 首先需要假设攻击者是效用最大化偏好者, 其次还需计算出 $p_A(S_1|d^1,a), p_A(S_2|s_1,d^2), p_A(D_2|d^1,a,s_1)$ 以及 $u_A(a,s_2,v)$. 因此, 这部分数据可作为不确定变量由建模获得.

按攻击者的影响图, 使用逆向归纳进行推导:

(1) 对每种 (a,s_2,v), 加和城市空间 $c(i,j)$ 的袭击所获效用得 $U_A(a,s_2,v)$.

(2) 在机会节点 S_2, 计算随机期望效用:

$$\Psi_A(a,s_1,d^2,v) = \sum_{s_2} U_A(a,s_2,v) P_A(s_2|s_1,d^2)$$

(3) 在机会节点 D_2, 计算随机期望效用:

$$\Psi_A(d^1,a,s_1,v) = \sum_{d^2} \Psi_A(a,s_1,d^2,v) P_A(d^2|d^1,a,s_1)$$

(4) 在机会节点 S_1, 计算随机期望效用:

$$\Psi_A(d^1,a,v) = \sum_{s_1} \Psi_A(d^1,a,s_1,v) P_A(s_1|d^1,a)$$

(5) 在决策节点 A, 针对每种 d^1, 计算其最优攻击决策:

$$A^*(d^1,v) = \underset{a}{\operatorname{argmax}} \Psi_A(d^1,a,v)$$

由于城市被分成了区域, 所以, 这里的空间是离散的.

上述推导过程已给我们提供了所需的结果, 也可通过蒙特卡罗仿真求得. 该推导最初依然取决于城市价值 v, 可用一个表达式总结为

$$A^*(d^1,v) = \underset{a}{\operatorname{argmax}} \sum_{s_1} \sum_{d^2} \sum_{s_2} U_A(a,s_2,v) P_A(s_2|s_1,d^2) P_A(d^2|d^1,a,s_1)$$
$$\cdot P_A(s_1|d^1,a)$$

3. 全局求解方法

整合前述两部分算法, 从而可形成全局求解方法: 首先, 通过首次防卫者每次的资源选址方案预测出攻击者的最优行动; 然后, 针对攻击者对防卫者选址的最优反应, 按期望效用最大化原则找到防卫者的最优选址解.

整个全局算法流程图如图 5.15 所示.

为方便实现, 假设算法中涉及的各分布相互独立, 忽视分布之间可能存在的联系. 于是, 算法的步骤可叙述如下:

第 1 步　建立测试地区的区域拓扑图, 为简化计算, 可用矩阵表达, 对应 $c(i,j)$, 同时给出各区域的城市价值.

第 2 步　在满足资源约束的条件下, 给出防卫者第一阶段选址的所有可能解.

第 3 步　根据每种可能解, 以攻击者角度仿真得到使攻击者效用最大化的恐怖资源分配选址解.

第 4 步　在防卫者角度, 按攻击者的对应解和自身第二阶段资源分配解进行仿真计算.

第 5 步　使防卫者效用最大的解即为第一阶段最优选址, 同时, 也可得到对应的攻击者选址情况和防卫者第二阶段资源选址情况.

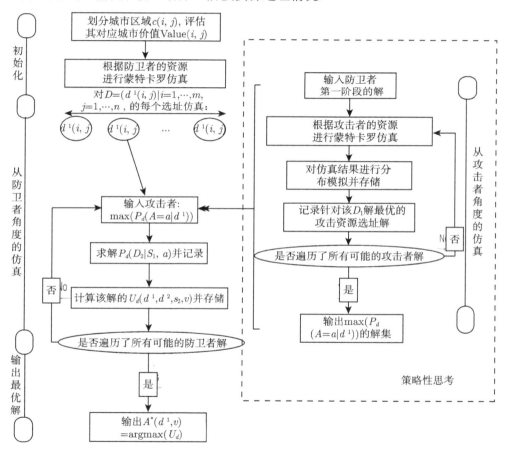

图 5.15　全局算法流程图

5.4.3　实例仿真与分析

1. **问题数据**

为说明敌意风险分析方法的多阶段反恐设施选址模型, 以上海市各区县作为背景进行说明 (表 5.16).

表 5.16   上海市各区县人口密度

地 区	行政区划面积/平方公里	年末常住人口/万人	人口密度/(人/平方公里)
浦东新区	1210.41	545.12	4504
黄浦区	20.46	68.20	33333
徐汇区	54.76	110.97	20265
长宁区	38.30	69.86	18240
静安区	7.62	24.86	32625
普陀区	54.83	129.61	23639
闸北区	29.26	84.85	28999
虹口区	23.48	83.82	35698
杨浦区	60.73	132.37	21796
闵行区	370.75	253.95	6850
宝山区	270.99	202.40	7469
嘉定区	464.20	156.62	3374
金山区	586.05	79.71	1360
松江区	605.64	175.59	2899
青浦区	670.14	120.83	1803
奉贤区	687.39	116.76	1699
崇明县	1185.49	70.16	592

数据来源:《上海统计年鉴 2015》

2. 城市区域价值

为简化城市区域价值计算, 按人口密度进行归一化处理. 2015 年 11 月, 上海市将闸北区与静安区合并, 上海市有了 16 个区县, 因此, 将城市空间矩阵设定为 4×4 规模. 城市区域对应价值用下式计算, 结果如表 5.17 所示.

$$v_{i,j} = \frac{\text{Value}\,(c(i,j))}{\sum_i \sum_j \text{Value}\,(c(i,j))}$$

表 5.17   城市区域价值表

地区	嘉定区	宝山区	虹口区	崇明区	青浦区	长宁区	静安区	杨浦区
价值	0.0138	0.0305	0.1456	0.0024	0.0074	0.0074	0.2514	0.0889

地区	黄埔区	金山区	奉贤区	闵行区	浦东区	松江区	徐汇区	普陀区
价值	0.1360	0.0055	0.0069	0.0279	0.0184	0.0117	0.0827	0.0964

3. 攻击者和防卫者的效用函数

对防卫者而言, 假设资源的成本是通过预算的, 因此, $u_D\left(d^1, d^2, s_2, v\right) =$

$u_D(s_2, v)$, 其目的是最小化两阶段选址配置后的攻击损失, 计算函数为

$$u_D\left(s_2, v\right) = -\mathrm{e}^{\left(c_D\rho\left[\sum\limits_i v_i s_2^i\right]\right)}$$

其中, ρ 为初始价值的获取系数, 一般设定为 $\rho_i = \rho = 0.1$. 若在第二阶段恢复配置后攻击依然成功, 则城市区域剩余价值为 $v_i \times \left(1 - \rho s_2^i\right)$; c_D 是防卫者的危机厌恶指数, $c_D > 0$.

攻击者的效用函数模型具有不确定性, 可设定随机参数分布, 并可推导出

$$v_A^i\left(a_i, s_2^i, v_i\right) = \begin{cases} -a_i k, & s_2^i = 0 \\ \rho v_i - a_i k, & s_2^i = 1 \end{cases}$$

同时, 默认攻击者是危机和获利偏好者, 因此效用函数可表示为

$$u_A\left(a, s_2, v\right) = \mathrm{e}^{c_A \sum\limits_i \left(\rho v_i s_2^i - a_i k\right)}$$

这里, $k = 0.005$, 是攻击者设定攻击资源的成本参数, c_A 是攻击者的危机偏好参数, 由于具有不确定性, 可设定其为满足 $c_A \sim U\left(0, 10\right)$ 的分布.

4. 攻击成功率测算方法

设定防卫者有 4 个单位应急资源用于资源选址, 攻击者有 2 个资源用于攻击. 从防卫者角度观察, 这里给出第一阶段和第二阶段的对抗成功率参照表 (表 5.18, 表 5.19). 可知, 若第一阶段攻击未成功, 则第二阶段对抗后攻击也不会成功. 但若第一阶段某城市区城攻击成功, 则第二阶段该城市区域的资源配置不能低于攻击者的攻击资源.

表 5.18 防卫者角度的第一次对抗攻击成功率

		a_i		
		0	1	2
	0	0	0.85	0.95
	1	0	0.6	0.75
d_i^1	2	0	0.3	0.5
	3	0	0.05	0.1
	4	0	0	0.05

表 5.19 防卫者角度的第二次对抗攻击成功率

	d_i^2			
0	1	2	3	4
1	0.95	0.8	0.6	0.4

而针对攻击者, 需要采用策略思维分析对方对攻击成功率的判断, 这里依然使用分布来表达不确定性.

假设 $p_A(S_1^i = 1|d_i^1, a_i) \approx p_D(S_1^i = 1|d_i^1, a_i)$, 但为了在模型中加入行为的不确定因素, 令 $p_A(S_1^i = 1|d_i^1, a_i)$ 是在 $\left[p_A^{\min}, p_A^{\max}\right]$ 内的随机均匀分布, $p_A(S_1^i|d_i^1, a_i)$ 定义为

$$p_A = p_A^{\min} + \alpha\left(p_A^{\max} - p_A^{\min}\right), \quad 其中 \quad \alpha \sim U(0,1)$$

两次对抗成功率范围表如表 5.20, 表 5.21 所示.

表 5.20   攻击者角度的第一次对抗攻击成功率

		a_i		
		0	1	2
	0	0	[0.85, 0.95]	[0.95, 0.99]
	1	0	[0.6, 0.8]	[0.75, 0.95]
d_i^1	2	0	[0.3, 0.5]	[0.5, 0.7]
	3	0	[0.05, 0.25]	[0.1, 0.3]
	4	0	0	[0.05, 0.1]

表 5.21   攻击者角度的第二次对抗攻击成功率

	d_i^2			
0	1	2	3	4
1	[0.95, 0.99]	[0.8, 0.95]	[0.6, 0.8]	[0.4, 0.6]

5. 结果分析

根据 ARA 思想和提取数值的方法, 我们在 MATLAB 环境下进行了编程仿真测试. 实例测试了当防卫者资源为 1, 2, 3, 4 四种可能, 攻击者资源为 1, 2 两种可能下, 防卫者危机偏好系数为 0.5, 1, 5 三种情况下的所有决策解, 表 5.22 中列出了相关计算结果.

表 5.22   不同情况和参数条件下的决策解

防卫者 资源量	攻击者 资源数	C_d	防卫者 的选址	攻击者 的选址	防卫者 二次选址	防卫者 最优效用	攻击者 最优效用
1	1	0.5	2	7	7	−1.0497	1.4187
2	1	0.5	7,12	7	7, 7	−1.0049	1.0558
3	1	0.5	3,8,11	7	7, 7, 7	−1.0439	1.1366
4	1	0.5	3,7,13,16	7	7,7,7,7	−1.041	0.9951
2	2	0.5	3,11	7,12	12,12	−1.0494	1.2992
3	2	0.5	7,8,16	3,7	3, 7, 7	−1.0438	1.2463
4	2	0.5	4,5,9,12	7,12	7,7,7,12	−1.0467	1.0871

防卫者资源量	攻击者资源数	C_d	防卫者的选址	攻击者的选址	防卫者二次选址	防卫者最优效用	攻击者最优效用
−1	1	1	13	7	7	−1.1051	1.9815
−2	1	1	7,10	7	7,10	−1.0134	1.0964
−3	1	1	3,3,9	3	3,3,7	−1.0901	1.1407
−4	1	1	11,11,15,15	7	7,7,11,15	−1.0832	1.0617
−2	2	1	6,11	3,7	3,3	−1.1014	1.2195
−3	2	1	3,4,9	7, 12	3,7,12	−1.0944	1.2065
−4	2	1	4,7,11,9	3,7	4,7,11,13	−1.0882	1.1939
−1	1	5	7	3	3	−1.6292	1.1452
2	1	5	3,10	7	7, 7	−1.5883	1.0696
3	1	5	3,7,12	7	7,7,7	−1.5358	1.0708
4	1	5	7,7,7,10	7	3,7,13,14	−1.4988	1.0333
2	2	5	7,12	3,7	3,7	−1.6163	1.2055
3	2	5	2,3,7	7,12	7,7,12	−1.5773	1.1654
4	2	5	3,7,7,12	3,12	7,12,12,12	−1.5671	1.1289

当攻击者单点攻击时, 一般情况下都会选择人口密度最大和经济更繁荣的静安区, 但是多点攻击的时候, 也会选择黄浦区和虹口区发动攻击. 防卫者的选址基本也是围绕着重点地区, 尤其是静安区. 但是相对攻击者而言, 防卫者更保守, 所以布防的选择更加分散. 当然, 具体决策也与防卫者的危机偏好系数有直接关系.

如图 5.16 显示, 无论是单点攻击还是多点攻击, 随着防卫者资源配置的增多, 攻击者的效用都处于递减趋势. 这表明, 当防卫者投入较多反恐资源设备时, 对恐怖袭击者的遏制是有效的; 而对防卫者而言, 随着反恐资源的增多, 防卫者效用处于递增趋势, 但其中存在振荡, 说明在一些情况下, 增加反恐资源选址对恐怖袭击防卫的正效用可能会低于增加成本的负效用. 而且, 由表 5.22 也可看出, 防卫者的二次选址对恐怖袭击分别进行了有效的补救. C_d 参数是防卫者的危机偏好系数, 通过图 5.17 中对比可以发现: 当危机偏好系数比较低 (为 0.5) 时, 防卫者的资源选址较分散, 这时防卫者注重对整个城市整体的防卫和控制; 当危机偏好系数比较大 (为 5) 时, 防卫者的资源选址相对集中在城区中心, 尤其是人口密集度大的地方, 这时防卫者更偏好城市重点地区的控制和布防.

恐怖主义问题是现在全球各个国家最重视的问题之一, 需要有有效的应对方法和科学的应对策略. 敌意风险分析方法具备博弈论的策略思想, 考虑敌对方角度的最优决策, 同时应用了贝叶斯决策理论, 从模型整体出发, 通过仿真获得选址解的分布并得到最优选址; 并且可通过不同参数敏感度分析对模型作进一步补充, 更方便对模型进行调控. 相较其他较有效的相关反恐设施选址模型, 这里的反恐设施建立点可以是多个, 恐怖袭击也可同时多次发生, 仿真模型解决的规模更大, 可解决的问题类型更丰富, 也并不需要完全信息背景的假设, 从而使得问题模型更具实用价值.

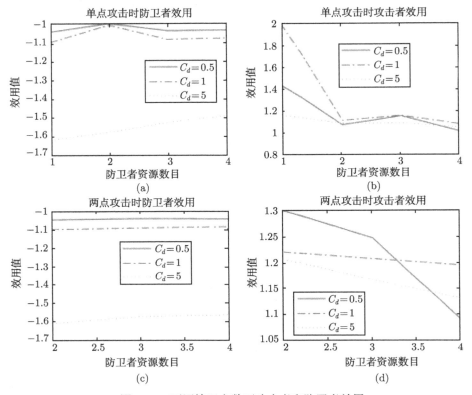

图 5.16   不同情况参数下攻击者和防卫者效用

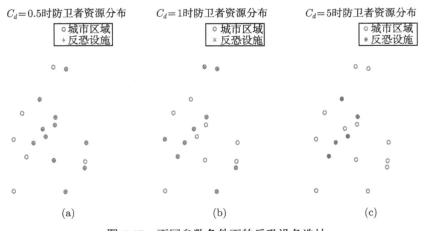

图 5.17   不同参数条件下的反恐设备选址

参 考 文 献

[1] Hakimi S L. Optimum locations of switching centers and the absolute centers and medians of a graph[J]. Operations Research, 1964, 12: 450-459.

[2] Toregas C, Swain R, Revelle C. The location of emergency service facilities[J]. Operations Research, 1971, 19: 1363-1373.

[3] Badri M A, Mortagy A K, Alsayed A. A multi-objective model for location fire stations[J]. European Journal of Operational Research, 1998, 110(2): 243-260.

[4] Chu S C K, Chu L. A modeling framework for hospital location and service allocation[J]. International Transactions in Operational Research, 2000, 7: 539-568.

[5] Ogryczak W. On the distribution approach to location problems[J]. Computers & Industrial Engineering, 1999, 37(3): 595-612.

[6] Silva F, Serra D.Locating emergency services with different priorities: the priority queuing covering location problem[J]. Journal of the Operational Research Society,2008,59(9): 1229-1238.

[7] Stanimirovic Z, Miskovic S, Trifunovic D, Veljovic V. A two-phase optimization method for solving the multi-type maximal covering location problem in emergency service networks[J].Information Technology and Control, 2017, 46(1): 100-117.

[8] 陶莎, 胡志华. 需求与物流网络不确定下的应急救援选址问题 [J]. 计算机应用, 2012, 32(9): 2534-2537.

[9] 彭春, 李金林, 王珊珊, 冉伦. 多类应急资源配置的鲁棒选址–路径优化 [J]. 中国管理科学, 2017, 25(6): 143-150.

[10] 于冬梅, 高雷阜, 赵世杰. 应急设施最大时间满意度选址–分配优化模型与算法 [J]. 系统工程, 2018, 36(2): 95-102.

[11] Sheu J B. An emergency logistics distribution approach for quick response to urgent relief demand in disasters[J]. Transportation Research Part E-logistics and Transportation Review, 2007,43(6): 687-709.

[12] 冯舰锐, 盖文妹. 应急物资储备点选址多目标优化模型及算法研究 [J]. 中国安全生产科学技术, 2018, 14(6): 64-69.

[13] Hakimi S L. Optimum locations of switching centers and the absolute centers and medians of a graph[J]. Operations Research, 1964, 12(3): 450-459.

[14] Revelle C, Swain R. Central facilities location[J]. Geographical Analysis, 1970, 2(4): 30-42.

[15] Sylvester J J. A question in the geometry of situation[J]. Quarterly Journal of Pure and

Applied Mathematics, 1857, (1): 79.

[16]   Owen S H, Daskin M S. Strategic facility location: a review[J]. European Journal of Operational Research,1998,111(3): 423-447.

[17]   Toregas C, Swain R, ReVelle C, Bergman L. The location of emergency services facilities[J]. Operations Research, 1971, 19(6): 1363-1373.

[18]   Church R, ReVelle C. The maximal covering location problem[J]. Papers of Regional Science Association, 1974, 32(1): 101-111.

[19]   张惠珍, 魏欣, 马良. 求解无容量设施选址问题的半拉格朗日松弛新方法 [J]. 运筹学学报, 2015, 19(4): 37-47.

[20]   Shi Li. A 1.488 approximation algorithm for the uncapacitated facility location problem [J]. Information and Computation, 2013, 222(1): 45-58.

[21]   徐大川, 张家伟. 设施选址问题的近似算法 [M]. 北京: 科学出版社, 2013.

[22]   Koopmans T C, Beckmann M J. Assignment problems and the location of economic activities [J]. Econometrica,1957, 25(1): 53-76.

[23]   张惠珍, 马良, Cesar Beltran-Royo. 二次分配问题及其线性化技术 [M]. 上海: 上海人民出版社, 2013.

[24]   Lawler E L. The quadratic assignment problem[J]. Management Science, 1963, 9(4): 586-599.

[25]   Kaufman L, Broeckx F. An algorithm for the quadratic assignment problem using Bender's decomposition[J]. European Journal of Operational Research, 1978, 2(3): 204-211.

[26]   Xia Y. Improved Gilmore-Lawler bound for quadratic assignment problems [J]. Chinese Journal of Engineering Mathematics, 2007, 24(3): 401-413.

[27]   Xia Y. Gilmore-Lawler bound of quadratic assignment problem [J]. Frontiers of Mathematics in China, 2008, 3(1): 109-118.

[28]   Xia Y, Yuan Y X. A new linearization method for quadratic assignment problems[J]. Optimization Methods and Software, 2006, 21(5): 805-818.

[29]   Frieze A M, Yadegar J. On the quadratic assignment problem[J]. Discrete Applied Mathematics, 1983, 5(1): 89-98.

[30]   Adams W P, Johnson T A. Improved linear programming-based lower bounds for the quadratic assignment problem[M]. Pardalos P M, Wolkowicz H, eds. Quadratic Assignment and Related Problems. Providence, R.I: DIMACS Series in Discrete Mathematics and Theoretical Computer Science, American Mathematical Society Publisher, 1994, 16: 43-75.

[31]   Erdoğan G, Tansel B. A branch and cut algorithm for quadratic assignment problems based on linearizations[J]. Computers and Operations Research, 2007, 34(4): 1085-1106.

[32]   Ramachandran B, Pekny J F. Higher order lifting techniques in the solution of the quadratic assignment problem[M]. Floudas C A, Pardalos P M, eds. State of the Art in

Global Optimization: Computational Methods and Applications. Netherlands: Kluwer Academic Publishers, 1996: 75-92.

[33] Ramakrishnan K G, Resende M G C, Ramachandran B, et al. Tight QAP bounds via linear programming[M]. Pardalos P M, Migdalas A, Burkard R, eds. Combinatorial and Global Optimization. Singapore: World Scientific Publishing Co., 2002: 297-303.

[34] Wesolowsky G O. Dynamic facility location [J]. Management science, 1973, 19(11): 1241-1248.

[35] 万波. 公共服务设施选址：理论、模型、算法与应用 [M]. 北京：科学出版社, 2016.

[36] 杨丰梅, 卢晓珊. 竞争设施选址理论与方法 [M]. 北京：科学出版社, 2010.

[37] ReVelle C. The maximum capture or sphere of influence location problem-hotelling revisited on a network [J]. Journal of Regional Science, 2010, 26(2): 343-358.

[38] Friesz T L, Miller T, Tobin R L. Competitive network facility location models: a survey[J]. Papers of the Regional Science Association, 1988, 65(1): 47-57.

[39] Serra D, ReVelle C. Market capture by two competitors: the preemptive capture problem[J]. Journal of Regional Science, 1994, 34(4): 549-561.

[40] Daskin M S. A maximum expected location model formulation, properties and heuristic solution[J]. Transportation Science, 1983, 17: 416-439.

[41] 葛春景, 王霞, 关贤军. 重大突发事件应急设施多重覆盖选址模型及算法 [J]. 运筹与管理, 2011, 20(5): 50-56.

[42] Narula S C, Ogbu, U I. A hierarchical location-allocation problem[J]. Omega: The International Journal of Management Science, 1979, 7(2): 137-143.

[43] Narula S C. Hierarchical location-allocation problem: a classification scheme[J]. European Journal of Operational Research, 1984, 15(1): 93-99.

[44] 陈志宗, 尤建新. 城市防灾减灾设施的层级选址问题建模［J］. 自然灾害学报, 2005, 14(2): 131-135.

[45] 陈志宗, 尤建新. 重大突发事件应急救援设施选址的多目标决策模型 [J]. 管理科学, 2006, 19(4): 10-14.

[46] 肖俊华, 侯云先. 带容量限制约束的应急设施双目标多级覆盖选址模型及算法 [J]. 计算机应用研究, 2015, 32(12): 3618-3621.

[47] 马良. 基础运筹学教程. 2 版 [M]. 北京：高等教育出版社, 2014.

[48] 李翼, 赵茂先, 李岳佳. 无容量限制设施选址问题得分支定界法 [J]. 山东理工大学学报 (自然科学版), 2012, 26(1): 70-73.

[49] 姚恩瑜, 何勇, 陈仕平. 数学规划与组合优化 [M]. 杭州：浙江大学出版社, 2001.

[50] 邢文训, 谢金星. 现代优化计算方法 [M]. 北京：清华大学出版社, 1999.

[51] Beltran-Royo C, Tadonki C, Vial J P. Solving the p-median problem with a semi-Lagrangian relaxation[J]. Computational Optimization and Applications, 2006, 35(2): 239-260.

[52] Beltran-Royo C, Vial J P, Alonso-Ayuso A. Semi-Lagrangian relaxation applied to the uncapacitated facility location problem[J]. Computational Optimization and Applications, 2012, 51(1): 387-409.

[53] Zhang H, Beltran-Royo C, Wang B, Ma L and Zhang Z. Solution to the quadratic assignment problem using semi-Lagrangian relaxation[J]. Journal of Systems Engineering and Electronics, 2016, 27(5): 1063-1072.

[54] 张惠珍, 李倩, Cesar Beltran-Royo. 求解二次分配问题的拉格朗日松弛新方法 [J]. 数学的实践与认识, 2016, 46(18): 136-144.

[55] 张惠珍, 魏欣, 马良. 求解无容量设施选址问题的半拉格朗日松弛新方法 [J]. 运筹学学报, 2015, 19(4): 37-47.

[56] 刘勇, 马良, 张惠珍, 等. 智能优化算法 [M]. 上海: 上海人民出版社, 2019.

[57] 马良, 朱刚, 宁爱兵. 蚁群优化算法 [M]. 北京: 科学出版社, 2008.

[58] 刘勇, 马良. 引力搜索算法及其应用 [M]. 上海: 上海人民出版社, 2014.

[59] 周伟明. 多核计算与程序设计 [M]. 武汉: 华中科技大学出版社, 2009.

[60] 百度百科. 微处理器. [EB/OL]. https://baike.baidu.com/item/%E5%BE%AE%E5%A4%84%E7%90%86%E5%99%A8/104320?fr=aladdin.

[61] 刘苗苗, 邢煜, 张永生, 等. Delphi 程序设计及应用 [M]. 北京: 清华大学出版社, 2013.

[62] Campbell C, Miller A. Visual C++ 并行编程实战 [M]. 北京: 机械工业出版社, 2012.

[63] 刘维. 实战 Matlab 之并行程序设计 [M]. 北京: 北京航空航天大学出版社, 2012.

[64] 王蕾, 陈希. 中国农村地区可持续医疗中心的选址与优化方法 [J]. 中国管理科学, 2016, 24 卷 (专辑): 38-42.

[65] Ortiz-Astorquiza C, Contrerasn I, Laporte G. Multi-level facility location problems[J]. European Journal of Operational Research, 2018, 267(3): 791-805.

[66] 韩强. 多目标应急设施选址问题的模拟退火算法 [J]. 计算机工程与应用, 2007, 43(30): 182-183, 216.

[67] 何建敏, 刘春林, 曹杰, 等. 应急管理与应急系统——选址、调度与算法 [M]. 北京: 科学出版社, 2005.

[68] 刘勇, 马良, 许秋艳. 多目标 0-1 规划问题的元胞蚁群优化算法 [J]. 系统工程, 2009, 27(2): 119-122.

[69] Becker G. Crime and punishment: an economic approach[J]. Journal Political Economy, 1968, 76(2): 162-217.

[70] Cornish D, Clarker R. The Reasoning Criminal: Rational Perspectives on Offending[M], Spring Verlag, 1986.

[71] Tongo C I. Dynamic programming and deployment of a crime preventive patrol force[J]. European Journal of Social Sciences, 2010, 15(3): 354-364.

[72] Shan X, Zhuang J. Hybrid defensive resource allocations in the face of partially strategic attackers in a sequential defender attacker game[J]. European Journal of Operational Research, 2013, 228(228): 262-272.

[73] Shan X, Zhuang J. Modeling credible retaliation threats in deterring the smuggling of nuclear weapons using partial inspections: a three stage game[J]. Decision Analysis, 2014, 11(1): 43-62.

[74] Berman O, Gavious A. Location of terror response facilities: a game between state and terrorist[J]. European Journal of Operational Research, 2007, 177(2): 1113-1133.

[75] Merrick J, Parnell G. A comparative analysis of PRA and intelligent adversary methods for counterterrorism management[J]. Risk Analysis, 2011, 31(9): 1488-1510.

[76] Insua D R, Rios J, Banks D. Adversarial risk analysis[J]. Journal of the American Statistical Association, 2009, 104(486): 841-854.

[77] Rios J, Insua D R. Adversarial risk analysis for counterterrorism modeling[J]. Risk Analysis: An International Journal, 2012, 32(5): 894-915.

[78] Bielza C, Muller P, Insua D R. Decision analysis by augmented probability simulation[J]. Management Science, 1999, 45(7): 995-1007.

[79] Insua D R, González-Ortega J, Banks D, et al. Concept Uncertainty in Adversarial Statistical Decision Theory[M]. The Mathematics of the Uncertain. Springer, Cham, 2018: 527-542.

[80] 韩传峰, 孟令鹏, 张超, 等. 基于完全信息动态博弈的反恐设施选址模型 [J]. 系统工程理论与实践, 2012, 32(2): 366-372.

[81] 魏国强, 罗晓棠. 应急资源布局与调度的模糊决策模型 [J]. 计算机工程, 2011, 37(22): 284-288.

[82] Parnell G, Banks D, Borio L, et al. Report on Methodological Improvements to the Department of Homeland Security's Biological Agent Risk Analysis[M]. National Academies Press, 2008.

[83] Rios J, Insua D R. Balanced increment and concession methods for negotiation support[J]. RACSAM-Revista de la Real Academia de Ciencias Exactas, Fisicas y Naturales. Serie A. Matematicas, 2010, 104(1): 41-56.

[84] Sevillano J C, Insua D R, Rios J. Adversarial risk analysis: the Somali pirates case[J]. Decision Analysis, 2012, 9(2): 86-95.

[85] Wang S, Banks D. Network routing for insurgency an adversarial risk analysis framework[J]. Naval Research Logistics, 2012, 58(6), 595-607.

[86] Dyer J S, Sarin R K. Measurable multi-attribute value functions[J]. Operations Research, 1979, 27(4): 810-822.

[87] Shachter R. Evaluating influence diagrams[J]. Operations Research, 1986, 34(6), 871-882.

[88] Bielza C, Muller P, Insua D R. Decision analysis by augmented probability simulation[J]. Management Science, 1999, 45(7): 995-1007.